S

# EXCURSION AGRONOMIQUE

## EN

# AUVERGNE.

# OUVRAGES DU MÊME AUTEUR
### QUI PAROÎTRONT INCESSAMMENT.

## DE LA DESTRUCTION DES PLANTES LES PLUS NUISIBLES AUX RÉCOLTES......... 1 vol. in-8.°

Cet ouvrage, approuvé, en 1814, par la classe des sciences physiques et mathématiques de l'Institut, et couronné, en 1816, par la Société d'émulation de Liége, n'a pas encore été publié, quoiqu'il fût jugé très-digne de l'être par ces deux sociétés, parce que l'auteur a desiré y ajouter le résultat de ses nouvelles expériences. Il est le fruit de plus de trente années de pratique, de recherches, d'observations et d'essais comparatifs; il manque à notre économie rurale, et il va être livré à l'impression.

## DE LA NOURRITURE ET DE L'ENGRAISSEMENT DES PRINCIPAUX ANIMAUX DOMESTIQUES, 1 vol. in-8.°

Cette production est également le fruit d'un très grand nombre de recherches, d'observations et d'expériences, commencées depuis fort long-temps. Le plan en a été tracé par l'auteur, dans divers articles du *Nouveau Dictionnaire d'histoire naturelle ;* elle paraîtra immédiatement après le premier ouvrage.

## DE LA CULTURE ET DE L'ASSOLEMENT DES TERRES LABOURABLES ET DES PRAIRIES. 2 vol. in-8.°

Ce travail a déjà paru, en partie, en 1809, aux articles ASSOLEMENT, JACHÈRE et SUCCESSION DE CULTURES, du *Nouveau Cours complet d'agriculture*, rédigé, sur le plan de celui de *Rozier*, par les membres de la section d'économie rurale de l'Institut. Une nouvelle édition séparée est vivement desirée depuis long-temps par un grand nombre d'agriculteurs; et elle paroîtra bientôt, augmentée de toutes les observations et découvertes faites depuis la première publication.

# EXCURSION AGRONOMIQUE

## EN

# AUVERGNE,

PRINCIPALEMENT AUX ENVIRONS

## DES MONTS-DOR ET DU PUY-DE-DÔME,

SUIVIE

DE RECHERCHES SUR L'ÉTAT ET L'IMPORTANCE

DES IRRIGATIONS EN FRANCE;

PAR J.-A.-VICTOR YVART,

ANCIEN CULTIVATEUR, MEMBRE DE L'INSTITUT;

Professeur d'économie rurale à l'École royale d'Alfort; de la Société royale et centrale d'agriculture; de l'Académie italienne; et d'un grand nombre d'autres sociétés de sciences, d'arts et de littérature, nationales et étrangères.

*Dirigeons maintenant nos conquêtes sur notre propre sol, et appliquons-les, avant tout, à l'AGRICULTURE.*

## A PARIS,

DE L'IMPRIMERIE ROYALE.

1819.

LE produit de cet ouvrage, qu'on trouvera rue des Filles-Saint-Thomas, n.º 21, est entièrement destiné par l'auteur *à l'amélioration de notre agriculture.*

# PRÉFACE.

———

De tout temps les bons esprits ont reconnu que *l'agriculture perfectionnée* est une source féconde, d'où découlent naturellement tous les moyens de vivifier le commerce et l'industrie. Ils ont aussi avoué, et l'on ne sauroit trop le répéter, que c'est l'abondance des matières premières, fournies par elle seule, qui forme et entretient une population heureuse, en multipliant les ressources, et par conséquent les moyens de subsistance (1).

Ces grandes vérités, que les troubles politiques, aggravés par le désordre et le tumulte des guerres désastreuses, font trop souvent perdre de vue, sans jamais pouvoir les détruire, doivent nécessairement reparoître dans toute leur force et briller de tout leur éclat, aussitôt que l'olivier de la paix succède, avec l'ordre et le calme, aux brandons de la discorde et à l'horreur des combats.

Français! cette heureuse époque est enfin arrivée pour nous, maintenant que notre territoire est affranchi du joug étranger, grâces à la haute sagesse du MONARQUE qui nous gouverne, et à la sagacité de ses conseils, ainsi qu'à la noble attitude qui nous a distingués.

Sachons donc en profiter. Imitons tous, autant que nos facultés et notre position nous le permettent, ces magnanimes guerriers qui, après s'être couverts d'une gloire immortelle au champ de Mars, se sont empressés de venir moissonner dans celui de Cérès des lauriers d'un autre genre. Ces pacifiques lauriers ne coûteront ni sang ni larmes à l'humanité; ils attireront, au contraire, sur ceux qui les obtiendront dans leurs paisibles et utiles retraites, les plus douces et les plus consolantes bénédictions.

Aidons-les, aidons tous ceux qui dirigent eux-mêmes l'administration de leurs domaines ruraux, à cicatriser les plaies de l'État par l'agriculture, le plus grand et le plus sûr moyen pour y réussir ; à rétablir par-là nos finances ; à rendre les impôts moins onéreux ; à répondre à la sollicitude toujours croissante du Roi pour son peuple; et notre belle patrie reparoîtra enfin au milieu des nations, avec cet ascendant que la prospérité commande, quand la sagesse l'accompagne (2).

Réunissons tous nos efforts pour parvenir à un but aussi louable ; sachons nous surpasser nous-mêmes, après avoir étonné l'univers par notre bravoure ; volons à de nouvelles conquêtes, bien dignes de l'industrie française : défrichons nos landes et nos bruyères improductives ; desséchons nos marais infects ; multiplions les plantations utiles ; améliorons les races de nos animaux domestiques ; étendons toutes les ressources pour not e subsistance et pour celle de ces précieux compagnons de nos travaux; et, je puis le prédire sans craindre de me tromper, la FRANCE, appuyée alors sur la base la plus solide, sur le premier des arts, deviendra bientôt plus puissante et plus heureuse qu'elle ne le fut jamais.

Loin d'inquiéter, comme autrefois, ses voisins par son ardeur guerrière, elle sera pour eux, au contraire, par sa prospérité toujours croissante, un objet d'émulation, une source de bons exemples à suivre; et, cette fois encore, elle pourra leur servir de modèle.

Profondément pénétré des sentimens que je desire avec ardeur pouvoir communiquer à tous mes compatriotes, je viens déposer aujourd'hui une bien foible offrande sur l'autel de ma patrie; je viens l'entretenir de ces sujets pacifiques, si attrayans pour l'homme raisonnable; de ces sujets champêtres, qui procurent les vraies jouissances et le bonheur que l'ambitieux cherche en vain si loin de lui; de ces sujets solides, qui ont quelquefois obtenu en France les faveurs éphémères de la déesse la plus légère, la plus inconstante et la plus capricieuse. C'est dire qu'ils ont aussi été parfois soumis à la mode chez nous; et qu'il seroit bien à desirer qu'ils le fussent de nouveau, à présent que nos goûts, plus réfléchis et plus épurés, nous éloignent de plus en plus des objets frivoles et passagers qui nous attachoient jadis si fortement à son empire (3).

J'ai pensé qu'une de nos anciennes provinces, célèbre, dans l'histoire des Gaules, par sa glorieuse résistance à l'usurpation romaine; célèbre, dans des temps plus modernes, par la naissance de plusieurs grands hommes, et par l'antique famille des *Pinons,* qui a retracé toutes les vertus de l'âge d'or avec la félicité qu'elles procurent; province renommée, d'un autre côté, par les nombreux volcans éteints qui couvrent une grande partie de son territoire et qui en font un véritable *champ phlégréen,* ainsi que par le nombre et la variété de ses végétaux, de ses minéraux, et par sa fertile Limagne; j'ai pensé que cette contrée, curieuse sous tant de rapports, pouvoit aussi nous intéresser par quelques-uns des objets de son économie rurale ; j'ai pensé également qu'elle pouvoit me fournir une heureuse occasion d'émettre quelques vérités utiles à nos agriculteurs.

En effet, l'antique patrie du vaillant Vercingetorix, qui la défendit si courageusement, et dont la rare valeur s'est plus d'une fois reproduite dans ses compatriotes ; le pays qui, entre autres personnes qui se sont fait un nom par leurs vertus ou leurs lumières, a donné le jour au vertueux chancelier de l'Hospital, *le plus Français de tous les Français de son temps*, et auquel nous devons de si belles *ordonnances*; à l'immortel Pascal, qui le premier conçut la grande idée de peser l'air à différentes hauteurs, et s'illustra encore par ses *Lettres provinciales;* au profond jurisconsulte Domat, auteur du grand ouvrage des *Lois civiles;* à l'estimable Piganiol de la Force, qui se rendit aussi recommandable par ses mœurs que par son savoir; à Jean Bonnefons, l'émule de Catulle; au bon et spirituel Danchet; à du Belloy, auteur tragique, qui le premier puisa ses sujets dans l'histoire de sa nation ; à l'éloquent Thomas, qui a loué si dignement nos grands hommes; au traducteur des *Géorgiques*, l'harmonieux et religieux Delille , l'honneur du Parnasse français ; à l'intrépide d'Assas, dont une mort certaine ne put arrêter l'élan généreux et le cri salutaire ; au brave d'Estaing, qui fit flotter notre pavillon victorieux sur les mers ; au courageux Desaix, qui périt si glorieusement au sein de la victoire ; sans parler des hommes qui l'illustrent aujourd'hui, et dont je n'alarmerai pas la modestie en les nommant; ce pays qui a été long-temps édifié par les vertus évangéliques de Massillon, après l'avoir été autrefois par celles des dignes prélats Sidoine Apollinaire et Grégoire de Tours; qui a eu aussi l'avantage de compter au nombre de ses principaux administrateurs un Lefebvre d'Ormesson, que Louis XIV présentoit à ses courtisans, en leur disant, *Messieurs,* voilà un honnête homme; et **M. Ramond**, à l'égard duquel il auroit ajouté, s'il l'eût connu, *voilà un véritable savant;* ce pays peu visité, malgré sa situation centrale, isolé, pour ainsi dire, au milieu de la France, et dont les volcans ont occupé si utilement les **Guettard**, les **Desmarest**, les **Males herbes**, les **Dolomieu**, les **Fourcroi**, et d'autres savans de nos jours; ce pays peut également fixer notre attention sur plusieurs parties de son agriculture, et nous fournir quelques moyens d'améliorer notre économie rurale (4).

Je ne puis me dispenser de croire encore, avec **M. Dhumières**, à qui nous devons d'excellentes observations sur le Cantal, que cette intéressante population qui émigre tous les ans en grande partie de ses montagnes, et qui porte par tout l'exemple du travail, de l'économie et de la probité, seroit plus utile à la France en se fixant sur son pays natal, en l'enrichissant par une culture raisonnée, et en le rendant l'asile des arts en hiver, comme le sont devenues depuis long-temps les hautes chaînes du Jura et de la Suisse, dont les industrieux habitans ont établi autour d'eux des manufactures de fil de fer, des ateliers d'horlogerie, des fourneaux d'émailleurs, des ouvrages en grosse quincaillerie, sur tout en instrumens aratoires, des manufactures d'armes, des filatures de laine et de coton, où déjà l'industrie s'exerce aussi sur le sapin, le bois, quelques autres bois, l'écaille, les os, la corne, qui y reçoivent toutes sortes de formes.

Quoiqu'on ne puisse plus reprocher aujourd'hui aux montagnards de l'Auvergne, comme le faisoit en 1697 l'intendant, dans un rapport au souverain, d'être extrêmement paresseux, et à ceux des environs des Monts-Dor, d'être grossiers et sauvages en quelque sorte; cependant, il faut en convenir, il leur reste encore beaucoup a faire pour améliorer leur sort; ils s'empresseront sans doute de profiter des bons exemples et des conseils qui leur sont donnés; et je me féliciterai de mon zèle et de mes efforts, s'ils peuvent coopérer en quelque sorte à leur bonheur.

La France offre, comme la Suisse, l'Allemagne, l'Angleterre et l'Italie, plusieurs exploitations rurales en plaine, qu'on peut regarder comme *expérimentales*, et qui, en contribuant à la prospérité et au bonheur des hommes instruits qui les dirigent, contribuent beaucoup aussi aux progrès de notre agriculture. Mais c'est sur-tout sur nos montagnes élevées que ces sortes d'établissemens peuvent devenir d'une grande utilité, pour substituer les bons principes et le raisonnement qu'on y trouve si rarement, aux préjugés et à la routine qui y règnent plus despotiquement qu'ailleurs, parce que les personnes éclairées sont peu disposées à s'y fixer. Celui que j'ai eu l'avantage d'examiner en détail, et dont je rends compte dans cet essai, me paroît susceptible de devenir fort intéressant sous ce rapport : il pourra fournir

plus d'une leçon avantageuse aux cultivateurs des pays montueux.

Les objets qui ont attiré plus particulièrement mon attention, dans l'excursion
agronomique que j'ai cru devoir entreprendre
dans les environs des Monts-Dor et du Puy-
de-Dôme, après avoir visité cet établissement, sont les défrichemens, l'écobuage,
les prairies, les pâturages, la culture des
céréales, celle de quelques plantes écono-
miques, l'éducation des bestiaux, leurs
produits, les engrais, les amendemens, les
plantations et les irrigations.

Le dernier de ces objets m'a paru mériter
sur-tout des détails généraux assez étendus,
que m'ont fournis mes voyages dans *tous
nos départemens* et à l'étranger; ils tendent
à démontrer de quelle importance sont les
irrigations pour notre économie rurale, et
combien il nous reste encore d'améliorations
à tenter sous ce rapport.

Qu'il me soit permis d'émettre ici le vœu
que j'ai formé depuis long-temps, que le

Gouvernement puisse profiter des loisirs de la paix dont nos soldats sont appelés à jouir, pour les employer utilement, comme nous sommes informés qu'on vient de le faire avec le plus grand succès en Amérique, non-seulement à creuser des canaux d'irrigation, de navigation et de desséchement, bien préférables aux tranchées homicides d'un art meurtrier, mais encore à tous les exercices salutaires de la culture, qui pourroient devenir aussi utiles à l'État qu'à la santé de ces militaires, en contribuant à leur entretien, ainsi qu'en prévenant leur inaction, et qui en feroient autant de nouveaux CINCINNATUS.

Je desire également exprimer le vœu non moins ardent, que tous les ecclésiastiques qui honorent leur utile profession, dans les campagnes, par l'exercice des vertus chrétiennes, puissent, à l'imitation de quelques-uns d'entre eux, y ajouter encore l'exemple des meilleures pratiques, ou au moins la publication des meilleurs principes agricoles,

ce qui contribueroit autant à leur bien-
être qu'à celui de leurs paroissiens ; et si,
comme l'a dit Montesquieu, et comme on
n'en peut douter, *les pays sont cultivés en
raison de leur liberté*, il ne manquera bientôt
plus rien au nôtre pour que sa culture devienne florissante par-tout.

Il me reste un troisième vœu à exprimer;
c'est qu'après avoir donné, il y a long-temps,
à l'Angleterre, comme à toute l'Europe, un
beau modèle de statistique, par le travail
curieux que le célèbre Vauban présenta, en
1696, à Louis XIV, nous nous empressions
d'imiter au moins aujourd'hui cette nation,
dans l'exécution d'un travail qu'elle vient
de terminer si heureusement et si fructueu-
sement pour son agriculture et son commerce intérieur, tandis que notre statistique
générale, commencée depuis si long-temps
sous différens plans, et reprise à diverses
fois, est encore restée très - incomplète
sous plusieurs rapports importans, et exige
de nouveaux efforts pour être achevée d'une

manière satisfaisante. Il faut enfin que la France connoisse toutes ses ressources, et qu'elle sache en tirer tout le parti possible.

Je terminerai cette préface en avouant que le peu de temps qu'il m'a été permis de consacrer à mes recherches, a dû rendre nécessairement mon travail fort incomplet. Tel qu'il est cependant, je ne le crois pas sans utilité pour l'agriculture, puisqu'il a été honoré de l'approbation de Son Excellence le Ministre de l'intérieur, qui le fait imprimer aux frais du Gouvernement, de celle de l'Académie royale des sciences et de la Société royale et centrale d'agriculture, auxquelles j'ai l'honneur d'appartenir, ainsi que de celle de mon confrère à l'Institut, M. le baron Ramond, Conseiller d'état, capable de bien apprécier tout ce qui peut intéresser le département confié jadis à son administration.

Je m'empresse aussi de déclarer que l'idée d'étendre ces recherches m'a été suggérée, en quelque sorte, par l'heureuse rencontre

que j'ai eu l'avantage de faire au village
des Bains, aux Monts-Dor, de M. le duc
de Massa, grand propriétaire rural dans le
département du Puy-de-Dôme; de M. le
comte d'Estrada, dont le père, en adoptant
la France pour sa patrie, s'est procuré un
des plus riches domaines de cette contrée,
par le desséchement d'un lac considérable;
de M. le chevalier de la Bro, qui possède
des fonds ruraux dans les environs des Monts-
Dor; de M. le comte d'Orvillers, pair de
France, qui s'occupe également, avec autant
de zèle que de succès, de l'amélioration de
ses propriétés champêtres; et de mon ancien
ami, M. le chevalier Malet, un des hommes
de France les plus versés dans cette partie.

Il ne me reste plus qu'à rappeler ici la
devise que j'ai mise en tête de cette esquisse,
et à répéter à mes compatriotes cet utile
conseil : *Dirigeons maintenant nos conquêtes
sur notre propre sol, et appliquons-les, avant
tout, à l'AGRICULTURE.*

B *

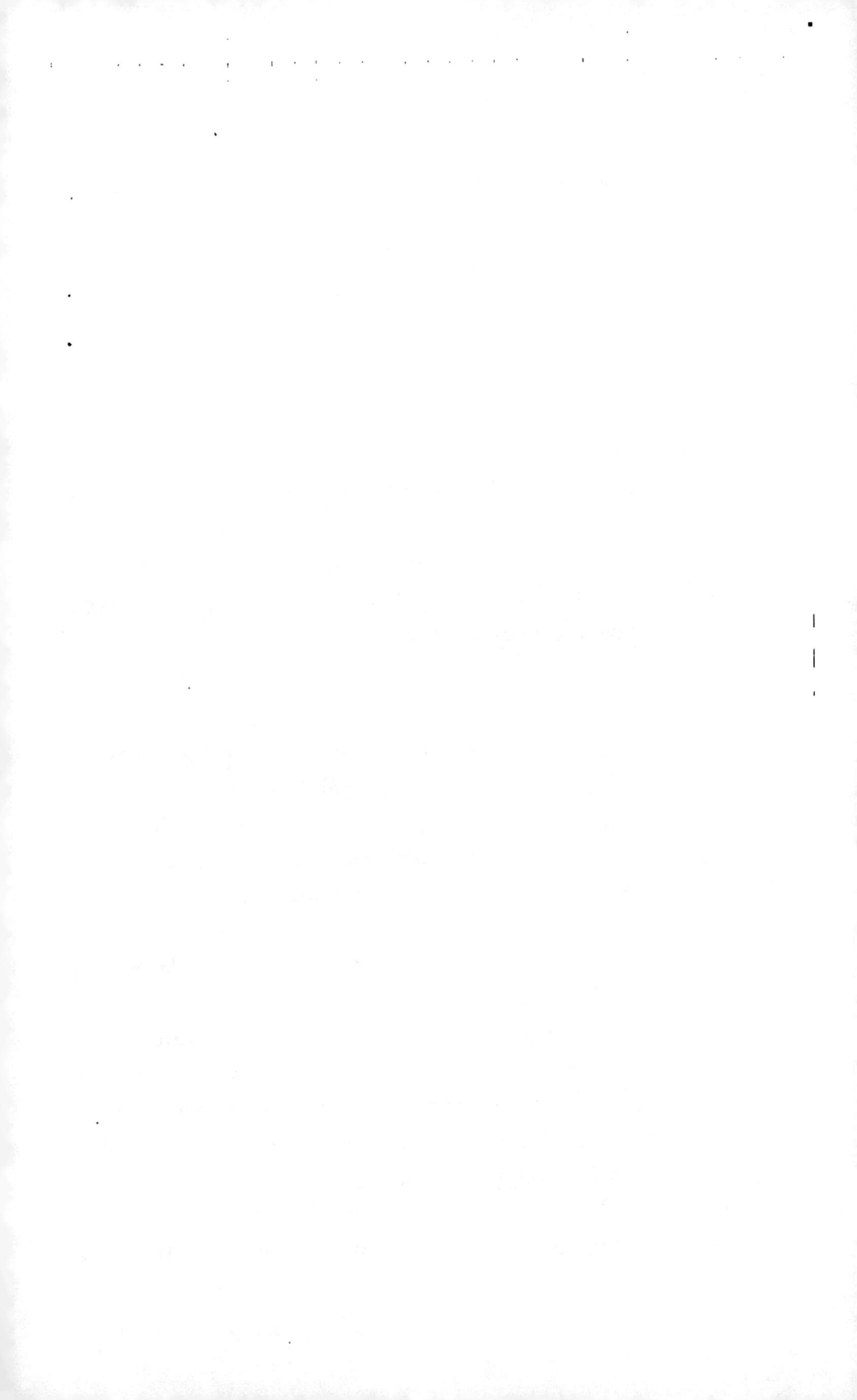

# NOTES.

(1) On trouve, dans tous nos bons ouvrages d'économie rurale et politique, l'aveu de la supériorité de
l'agriculture sur tous les autres arts, supériorité que
M. Baud a si bien énoncée et prouvée dans son intéressant travail sur le Jura, et que nous paroissons maintenant
bien disposés à reconnoître.

(2) Il seroit heureusement beaucoup trop long d'énu-
mérer ici ceux de nos guerriers célèbres qui ont déposé
glorieusement le fer de l'épée pour prendre celui de la
charrue, et qui fertilisent aujourd'hui le sol français par
leur industrie, après l'avoir si vaillamment défendu par
leurs exploits; *la terre se réjouissant d'être ouverte par un
soc rayonnant de gloire, gaudente terrâ vomere laureato*,
comme le dit élégamment Pline.

Parmi les grands propriétaires qui se sont empressés de
donner, sur leurs propriétés, l'exemple des bonnes pratiques agricoles, je citerai particulièrement, parce qu'ils
me sont plus connus, et parce qu'ils ont un rang plus
élevé dans la société, MM. les ducs de la Rochefou-
cault, de Reggio, de Raguse et de Massa; MM. les
marquis Dessole, de Lauriston, d'Orvillers; MM. les

comtes de Père, Lainé, Chaptal, de Montbadon et Herwyn; MM. les barons Séguier et Morel de Vindé; auxquels je dois ajouter, dans une autre classe des premiers hommes de l'État, Son Excellence Monseigneur le comte Decazes, et M. le comte Chabrol, préfet du département de la Seine, qui joignent, de la manière la plus heureuse, l'exemple au précepte. Il convient de réunir à ces noms celui de M. le comte Anglès, préfet de la police, qui s'occupe aussi, avec le zèle le plus louable, de l'amélioration de ses propriétés rurales; et nous devons indiquer encore MM. Poiferé de Cère, de la Fayette, Tronchon, Macarthy, de Villèle, Verneilh, Digeon, Lafitte, de Lessert, et plusieurs autres de nos députés, qui allient, dans leurs différens départemens, la pratique des meilleurs procédés agricoles à celle des vertus civiques les plus distinguées.

––––

(3) La mode de l'agriculture a pris faveur parmi nous à plusieurs époques, parmi lesquelles nous distinguerons celles-ci : le temps où l'illustre académicien Duhamel s'appliquoit à propager la théorie de cet art, et la réduisoit en pratique, avec un de ses frères, à sa terre de Denain-Villers, près de celle où nous avons vu depuis le vertueux Malesherbes se livrer aux mêmes occupations, ce qui engagea beaucoup d'autres savans à les imiter; le temps de la publication du *Corps d'observations* de la Société d'agriculture établie la première en France par les états de Bretagne, ce qui produisit aussi le plus grand bien; le temps où la secte des économistes, dont beaucoup de per-

sonnes ne veulent plus voir aujourd'hui que les erreurs sans lui tenir compte de ses idées et de ses travaux utiles, s'en occupoit avec les Abeille, les Dupont de Nemours, et autres amans passionnés du premier des arts, ce qui eut encore les plus heureux résultats ; le temps où le célèbre abbé Rozier se fit agriculteur et publia son grand ouvrage, époque remarquable à laquelle il faut rapporter nos dernières améliorations les plus frappantes.

Disons aussi que nos princes, en marchant sur les traces du *bon Henri*, qui appeloit, avec son digne ministre Sully, *le pâturage* et *le labourage, les deux mamelles de l'État*, nous ont plus d'une fois encouragés par la force irrésistible du noble exemple qu'ils n'ont pas dédaigné de nous donner à cet égard. On se rappellera toujours, avec autant d'attendrissement que de gratitude, qu'un des *Dauphins de France* s'amusoit à conduire lui-même la charrue près du parc de Versailles, et que l'infortuné Louis XVI suivoit avec beaucoup d'intérêt, dans celui de Rambouillet, tous les détails de la ferme qu'il y avoit fait établir, et dont il nous reste encore le précieux troupeau de mérinos qu'il y fit soigner d'une manière si utile pour notre pays, puisqu'il a coopéré, plus qu'aucun autre moyen peut-être, au perfectionnement de notre économie rurale.

------

( 4 ) Les Romains appeloient *libres* les habitans de l'Auvergne, *Arverni liberi* ; ceux-ci se qualifioient du titre de *frères des Romains*, et se disoient descendans des

Troyens comme eux, d'après ce passage de la Pharsale de Lucain :

> ...... *Arvernique ausi Latio se dicere fratres,*
> *Sanguine ab Iliaco populi* ...........

Ce pays étoit encore remarquable alors par le temple de *Vasso*, renfermant la statue gigantesque de Mercure, travaillée par le sculpteur Zénodore, et qui surpassoit en volume celle du fameux *colosse de Rhodes*.

# TABLEAU ANALYTIQUE

## DE CET OPUSCULE.

~~~~~~~~~

### PREMIÈRE PARTIE.

*RAPPORT SUR L'ÉTABLISSEMENT RURAL DE RENDANE.*

――――

### SECONDE PARTIE.

*SITUATION AGRICOLE DES ENVIRONS DES MONTS-DOR ET DU PUY-DE-DÔME.*

---

# TROISIÈME PARTIE.

## OBSERVATIONS SUR LES IRRIGATIONS.

# EXCURSION AGRONOMIQUE
# EN AUVERGNE.

## EXAMEN

DE L'ÉTABLISSEMENT RURAL DE RENDANE;
— DE LA SITUATION AGRICOLE DES *MONTS-DOR* ET DU *PUY-DE-DÔME*; — ET DE
L'IMPORTANCE DES IRRIGATIONS EN FRANCE.

## PREMIÈRE PARTIE.
### *De l'Établissement rural de Rendane.*

SON EXCELLENCE LE MINISTRE SECRÉTAIRE
D'ÉTAT au département de l'intérieur nous ayant fait
l'honneur de nous inviter, l'année dernière, à aider
de nos conseils le propriétaire de la terre de Rendane, en Auvergne, dans une grande entreprise agricole, nous nous sommes empressés de nous rendre
sur les lieux mêmes, afin de mieux répondre à cette
invitation; et nous avons saisi également cette occasion

pour étudier le système d'économie rurale adopté dans les environs des Monts-Dor et du Puy-de-Dôme, et pour étendre nos recherches sur les irrigations.

Nous allons d'abord essayer de bien faire connoître l'intéressant établissement de Rendane, que nous avons visité en détail avec la plus grande attention, et donner une idée de sa situation extraordinaire, de la nature de son sol, plus extraordinaire encore ; de l'état dans lequel nous avons trouvé cette singulière exploitation rurale, et des succès probables qu'il est permis d'en espérer, avec les nouvelles améliorations qu'il est possible d'ajouter aux premières. Nous examinerons ensuite les principaux procédés de l'économie rurale des environs des Monts-Dor et du Puy-de-Dôme, et nous terminerons par l'exposé de nos recherches générales sur les irrigations.

La terre de Rendane, située à trois myriamètres cinq cents mètres environ au sud-ouest de Clermont, à moitié chemin des Monts-Dor, et exposée au sud-est à une élévation de près de mille mètres au-dessus du niveau de la mer, présente aux naturalistes plusieurs particularités fort remarquables. Elle se trouve placée dans un cirque formé par cinq *puys* ou montagnes volcaniques, dessinées en pyramides comme la plupart de celles qui environnent le célèbre Puy-de-Dôme. Ces montagnes laissent encore apercevoir des cratères très-prononcés au sommet, et l'on remarque sur leurs flancs couverts de scories et dans leurs alentours , les traces non équivoques d'anciennes éruptions, dont les époques se perdent dans la nuit des temps.

Elle s'annonce à l'agriculteur d'une manière avantageuse, par l'élévation de deux vastes constructions rurales, qui reposent agréablement la vue dans une sorte de désert, où la nature , aujourd'hui fort calme , offre à chaque pas les traces des bouleversemens que le sol a jadis éprouvés , dont la plus remarquable , après les volcans auxquels ils sont dus, est une énorme coulée de lave très-raboteuse, qu'on traverse en entrant sur ce domaine, et qui en fait un des majestueux remparts.

Ces deux grands édifices , ou ces deux *basiliques rurales,* comme le propriétaire les appelle , occupant en longueur un espace de plus de soixante-dix mètres, y compris une petite cour et une boulangerie, et qui se trouvent aujourd'hui réunis par une nouvelle construction commencée, servent de vacherie et de bergerie , et sont surmontés d'un second étage , qui sert de grange et de grenier à foin et à paille. Ils sont adossés à un coteau prolongé , qui les garantit des vents du nord, et près d'une montagne boisée, qui les préserve des vents de l'ouest.

Il faut ajouter à ces deux belles constructions, élevées avec les débris des volcans environnans, le très-humble manoir du propriétaire, consistant en une bien chétive chaumière, de quatre mètres seulement en carré, construite en planches de sapin mal assemblées, doublées en paille, de manière à ne pas permettre qu'on puisse y faire de feu, sans craindre de la voir dévorée par les flammes en peu d'instans.

Nous avons cependant éprouvé que, dans ce modeste réduit, espèce de *chalet* ou *buron*, qui retrace ceux qu'on rencontre fréquemment sur les Alpes, ainsi que sur les plus hautes montagnes d'Auvergne, et qui est étayé de deux côtés pour de fort bonnes raisons, on peut, avec une conscience pure et des goûts naturels, reposer tout aussi bien que sous des lambris dorés; et nous y avons trouvé un fort bon lit, offert avec une grande cordialité. Nous avons aussi trouvé dans un autre réduit enlevé aux vaches, dont la chaleur supplée en hiver à celle du feu qu'il faut s'interdire dans le premier sous peine d'incendie, des mets champêtres, à l'égard desquels le propriétaire, ne pouvant pas dire, comme l'un des interlocuteurs des Églogues de Virgile, que son domaine produit des fruits agréables, *sunt nobis mitia poma, castaneæ molles*, peut au moins dédommager ses hôtes en ajoutant aux produits de sa basse-cour une ample provision de fromage, *et pressi copia lactis*.

Dans cette habitation isolée, tout-à-fait rustique et hospitalière, séparée à une assez grande distance de celles qui l'environnent, un ruisseau limpide, sortant du pied d'une des dépendances des Monts-Dor, et qui se perdoit dans une prairie voisine, ayant été adroitement détourné et rapproché du manoir, après avoir déjà rendu le service de quelques irrigations fort utiles, sert à abreuver les hôtes de cet agreste séjour ; en attendant qu'un puits déjà creusé à vingt mètres environ, en traversant plusieurs couches superposées de pozzolane, de lave et de basalte très-dur, puisse donner plus bas l'eau qu'il a encore refusée à cette profondeur.

Nous devons dire ici qu'on arrive assez commodément à cette exploitation rurale, en quittant, peu après le Puy-de-Dôme, l'ancien chemin qui conduit directement aux bains des Monts-Dor, et en prenant à gauche un chemin régulièrement tracé : cette nouvelle communication, judicieusement dirigée par le propriétaire de Rendane à travers son patrimoine, et ornée sur ce point de berges solides et de plantations aussi utiles qu'agréables, en ormes et en frênes, conduira, lorsqu'elle sera terminée, au village si fréquenté qui renferme les eaux thermales des Monts-Dor. Ce trajet sera plus court de moitié environ que l'ancien, ce qui ne peut manquer d'ajouter une nouvelle valeur à cette propriété.

Après ces préliminaires, indispensables avant de passer à l'examen de la nature du sol, de son étendue, de son emploi et de ses ressources, pour pouvoir apprécier toute sa valeur, nous devons encore donner une idée des difficultés que présentoit l'entreprise que nous examinons, et qui a été commencée en 1816 pour les constructions seulement, et en 1817 pour les défrichemens ; cela aidera à la bien juger. Nous ne pouvons mieux faire que de consigner ici les réflexions mêmes que le propriétaire nous a communiquées à cet égard, parce qu'elles sont applicables à toute autre entreprise semblable de défrichemens, et qu'elles nous paroissent d'ailleurs très-propres à éclairer ceux qui voudroient tenter des opérations de ce genre.

« Quand on entre, dit-il, dans un bien qu'on » se propose d'embellir ou d'améliorer, quelque » mauvais que soit ce bien, on a la ressource d'un » certain nombre de bâtimens, qui au moins, dès » le premier moment, vous mettent à l'abri, vous » et vos animaux ; on a la ressource de la fontaine » du village, de la voie publique : on trouve des » routes toutes faites, des prés et des champs, plus » ou moins préparés, plus ou moins clos. Ici rien. » Il m'a fallu faire toutes mes routes, il me faut » clore tous mes champs, il faut me défendre de » mes propres animaux ; en un mot, je suis là » comme dans une de ces anciennes savanes de » l'Amérique, sur les bords de l'Ohio. Pour tous

» ces petits soins, les frais sont immenses; ils ont
» dépassé de beaucoup les sacrifices auxquels j'avois
» consenti. Je savois, à la manière du pays, et
» selon mes anciennes habitudes avant la révolution,
» remuer et cultiver de la terre; mais une aussi
» vaste entreprise, étrangère à mes anciennes ex-
» périences comme cultivateur, j'ai eu beau y ap-
» porter des précautions et de la méfiance, elle a
» dépassé d'un tiers tous mes calculs *à priori ;* et
» si je n'avois pas eu des fonds de réserve qui m'ont
» permis, en prenant sur mes revenus, de venir
» au secours de mon déficit, j'eusse infailliblement
» succombé, et j'eusse donné à mes concitoyens,
» au lieu d'un bon exemple comme je l'espérois,
» un scandale qui eût ajouté au discrédit attaché à
» toutes les entreprises de ce genre. »

Passons maintenant à l'examen de la terre elle-
même, des améliorations qu'elle a déjà reçues, et de
celles qu'elle doit encore recevoir.

Le domaine de Rendane se compose aujourd'hui
d'environ quatre cents hectares. Un tiers à-peu près
comprend deux montagnes assez élevées, consacrées
au pâturage, et dont une partie est en bois assez
bon, principalement en essences de bouleau, de
hêtre et de peuplier-tremble; ce bois est percé d'un
beau chemin circulaire, qui en facilite l'abord et
l'exploitation, en même temps qu'il le rend propre,

à cause de sa proximité du manoir, à lui servir de
parc. Un autre tiers environ est occupé par une
grande portion de l'ancien courant de lave dont nous
avons déjà parlé, connu dans le pays sous le nom de
*Cherre* ou *Serre*, mot qui, en le supposant dérivé
du substantif latin *serra* [scie], indiqueroit assez
bien les rugosités, les boursouflures et toutes les
irrégularités dont ce dépôt volcanique est hérissé,
d'une manière souvent très-pittoresque (1).

Cette portion est en bois, rabougri en grande partie,
et en pâturage assez maigre ; elle n'est pas plus susceptible de défrichement que la première. Le reste
comprend les terres cultivables, divisées en trois
plaines différentes, et les prairies naturelles qui ont
été ajoutées au domaine depuis peu, ainsi que le bois.
Ces prairies, placées dans un bassin, barré, d'un côté,
par un courant de lave qui y retient en hiver les eaux
qui les fertilisent, s'élèvent à seize ou dix-sept hectares
seulement ; elles sont en partie arrosables, et l'herbe
courte et claire en est généralement d'assez bonne
qualité.

Quant aux terres arables, excepté dix-huit
à vingt hectares en pelouse très-courte, et assez

_____

(1) Le mot espagnol *sierra*, et celui de *serra*, usité dans les Pyrénées pour désigner des rochers découpés en dents de scie, ont sans
doute la même origine.

bonne cependant, tout le reste étoit couvert, avant le commencement du défrichement, de bruyère commune très-basse, à laquelle se méloient, avec le genêt commun, deux autres espèces de genêt, le genêt cendré *[genista cinerea]* et le genêt ailé *[genista sagittalis]*, confondus tous deux sous le nom trivial de *sparget*, puis quelques touffes de nard serré et de fétuque duriuscule, désignés sous la dénomination triviale, assez expressive, de *poil de bouc*, à cause de la rudesse et de l'exiguité de leurs feuilles.

C'est cette portion qui doit sur-tout fixer notre attention, comme elle occupe celle du propriétaire. Après l'avoir entièrement défrichée, il se propose d'y introduire deux assolemens principaux, un grand assolement en cinq ou six soles, et un petit, plus rapproché du manoir, qui sera comme une sorte de jardin en culture réglée.

La composition du sol de cette portion est généralement ainsi qu'il suit, à quelques irrégularités près : la couche superficielle ou terre végétale, formée du détritus des végétaux, joint à la partie pulvérulente ou cendre volcanique la plus légère, provenant des éruptions des cratères environnans, a de seize à quarante-huit centimètres de profondeur, et le plus communément trente-deux environ; elle est très-meuble, et nous a paru conserver par place, étant renversée par la charrue avec la bruyère qui la couvre, assez de fraîcheur, au milieu même de l'été et d'une sécheresse prolongée. L'augmentation de cette couche en profondeur et la fraîcheur du sol sont indiquées superficiellement par la présence du trèfle rampant et de la fougère, qui s'y plaisent alors, ainsi que par le développement de la bruyère et des genêts. L'état rabougri de ces dernières plantes annonce au contraire le peu d'épaisseur et l'aridité de la couche superficielle.

Elle repose immédiatement sur un sable pur, également volcanique, véritable pozzolane noire, éminemment stérile, devenue compacte par son tassement, perméable cependant à l'eau, qu'elle laisse filtrer assez rapidement, mais imperméable, dans son état naturel, aux racines des végétaux, qui n'y trouvent aucune sorte d'aliment. Elle est semblable en tout, sous ce rapport défavorable, à celle que nous avions déjà eu l'occasion d'examiner attentivement dans les États romains et dans les environs de Naples, avec laquelle elle nous a présenté l'analogie la plus frappante.

Cette masse infertile, qui a le plus souvent trois mètres d'épaisseur, est assise sur un lit de terre jaune, limoneuse, de seize centimètres à un mètre environ de profondeur, qui noircit par son exposition à l'air, et dans laquelle on trouve encore abondamment des débris de végétaux passés à l'état charbonneux.

Cette terre paroît avoir été un ancien sol, avant que de nouvelles éruptions l'eussent couverte de pozzolane; et, quelque éloignée qu'elle soit maintenant de la surface extérieure, elle ne paroît pas au propriétaire sans rapports avec elle, parce que par-tout où le banc de pozzolane a moins d'épaisseur, il a cru remarquer que le sol de la superficie avoit plus de fécondité. Notre attention portée sur cet objet nous a convaincus que, malgré l'interposition d'autres couches, l'influence des couches inférieures, même assez profondes, sur la qualité de la couche superficielle, est plus grande qu'on ne le suppose généralement; et, sans chercher à développer ici ce fait intéressant, sur lequel nous aurons occasion de revenir ailleurs, nous nous bornerons à observer que cette circonstance est un nouveau motif pour bien étudier la nature de ces couches, qu'on néglige trop souvent dans l'examen des terres cultivables. Au reste, cette terre, d'après quelques essais qui doivent être répétés et étendus, paroît susceptible de devenir un amendement utile pour la couche superficielle, à laquelle nous revenons.

Ce qui nous paroît démontrer que cette couche, si peu fertile aujourd'hui à cause de l'écobuage et de l'incinération qu'on y a pratiqués presque par-tout inconsidérément, avec un vicieux assolement, à une époque plus ou moins reculée, pourroit le devenir cependant, avec un traitement convenable, c'est que, toutes les fois qu'elle se trouve suffisamment engraissée, elle donne des produits, même spontanés, dont la quantité et la qualité annoncent de grands et d'excellens moyens de reproduction, dès qu'elle est secondée par la main libérale du cultivateur, au lieu d'être épuisée par le résultat inévitable d'une avidité mal entendue.

A la vérité, ce sol, qui ne se compose guère que d'oxide et de silice, avec un peu d'*humus* ou terre végétale proprement dite, sans calcaire ni alumine, est très-avide d'engrais et les retient peu : mais nous nous sommes convaincus que le chanvre même pourroit y croître assez bien; nous y avons vu prospérer plusieurs espèces utiles de graminées et de légumineuses annuelles et vivaces; et le propriétaire y a recueilli, dans un enclos bien préparé, à la seconde année de son entreprise, des pois fort élevés et un chou pesant sept kilogrammes. Nous y avons trouvé, sur divers points encore abandonnés à l'état de nature, ou fertilisés, soit accidentellement, soit artificiellement, entre d'autres plantes moins utiles, plusieurs espèces de trèfle, notamment celui des prés et le rampant, le lotier corniculé, la luzerne lupuline, la coronille variée, la pimprenelle usuelle, l'achillée millefeuille, le plantain lancéolé, mêlés avec diverses bonnes espèces d'épervière, de crépide, de liondent, et de graminées vivaces. Nous avons aussi trouvé assez fréquemment dans les prairies na- turelles, avec les plantes précédentes, la vesce des prés, celle à bouquet *[vicia cracca]*, l'anthyllide vulnéraire, diverses scabieuses et campanules, la renouée bistorte, une des plus précoces et des plus estimées sous le nom trivial de *langue de bœuf*, la flouve odorante, la cretelle hupée, la canche de mon- tagne, l'agrostide stolonifère, la houque laineuse, et la fétuque des prés, mélangées avec plusieurs plantes nuisibles, telles que le rhinanthe crête de coq, la grande berce, le narcisse des poëtes, des carex, des renoncules, des potentilles, et quelques autres peu abondantes.

Nous devons faire observer, en outre, que, quoique ce sol, peu propre à retenir l'humidité par sa com- position, se trouve placé au milieu des montagnes du Puy-de-Dôme, anciens foyers volcaniques qui, sur une étendue de plus de cinq myriamètres en longueur et de cinq kilomètres à-peu-près en largeur, n'offrent aucune source, à cause de leur nature poreuse, il n'est cependant pas aussi aride par-tout qu'on pourroit le supposer; ce qu'il doit à sa situation élevée, dans laquelle la chaleur est moins forte, moins concentrée, les vents sont plus frais, les brumes et les nuages plus fréquens, que dans une situation plus basse; car s'il étoit possible qu'un sol ainsi constitué se trouvât transporté dans la plaine de la Limagne, ou dans toute autre plaine basse, et qu'il y fût placé d'une manière isolée, il seroit plus aride et moins cultivable qu'il ne l'est ici.

Examinons maintenant quels moyens le propriétaire a employés pour mettre en valeur les chétives bruyères qui couvroient la majeure partie de son domaine, et nous verrons ensuite quels sont ceux qu'il pourroit convenir d'y ajouter.

Détourné de la pratique de l'écobuage et de l'incinération de la couche superficielle, par les résultats défavorables qu'il avoit sous les yeux, il crut devoir s'en abstenir scrupuleusement, et il y substitua d'abord l'emploi de la bêche, pour extirper et enfouir la bruyère, les genêts, et autres plantes nuisibles. Mais la dépense considérable occasionnée par cet instrument manuel, trop peu expéditif pour un aussi grand objet, le força bientôt à l'abandonner, et à avoir recours à la charrue, ou plutôt au très-simple et très-imparfait araire du pays, semblable en tout à celui que Virgile décrit dans ses Géorgiques, et qui paroît avoir été employé de toute antiquité par les Égyptiens et les Grecs. Alors, résultats plus fâcheux encore, dépense plus forte, et besogne moins bien faite. Quarante-huit journées de travail avec ce frêle instrument, employé alternativement en divers sens, et suivi de la herse, devinrent indispensables pour réduire à un état de culture passable un seul hectare de cette terre médiocre; et c'étoit surpasser de beaucoup en frais sa valeur vénale. Ainsi, comme le propriétaire ne put se dispenser de l'avouer lui-même, pour se préserver de la ruine de la bêche, il se précipitoit dans la ruine du labour.

C'est dans cet état de perplexité, qu'après s'être adressé sur plusieurs points à divers agriculteurs, pour se procurer des instrumens aratoires moins imparfaits, plus commodes et sur-tout plus expéditifs et plus efficaces pour son objet; après s'être procuré des renseignemens exacts sur la charrue brabançone, sur celle de M. le marquis de Barbançois; après être parvenu à se procurer deux charrues usitées pour les défrichemens dans le Bourbonnois et le Limousin; pressentant l'insuffisance de ces nouveaux moyens, il prit la sage résolution de s'adresser l'année dernière à Son Excellence le Ministre de l'intérieur, pour lui faire connoître l'étendue et les difficultés de son entreprise, et le prier de vouloir bien l'aider de ses conseils et de ses moyens.

Le Ministre ayant consulté sur ce point la société royale et centrale d'agriculture, et cette société ayant adopté le rapport dont elle avoit chargé M. de Perthuis et nous, dans lequel nous avions particulièrement recommandé la charrue *Guillaume*, celle de

*Brie* et celle à oreille amovible, dite *tourne-oreille*, nous eûmes l'honneur d'être commis directement par Son Excellence pour les faire confectionner le plus solidement possible, ce dont notre confrère M. Molard voulut bien se charger, ainsi que de l'expédition. Elle daigna y ajouter l'invitation expresse de correspondre avec le propriétaire du domaine de Rendane, et de l'aider de nos conseils pour le succès de son entreprise ; invitation trop flatteuse pour que nous ne nous empressassions pas d'y répondre de tous nos moyens.

Nous devons ajouter que Son Excellence voulut bien aussi nous autoriser à faire partir pour l'Auvergne M. Guillaume lui-même, afin qu'il pût diriger l'essai comparatif de sa charrue et de celle de Brie, avec toutes celles qu'on étoit parvenu à réunir. Nous avions cru devoir solliciter expressément ce départ, sachant très-bien, par plus d'un exemple, que, faute d'avoir à sa disposition une personne bien en état d'employer les nouveaux instrumens aratoires et d'en faire sentir tout le mérite, ils sont ordinairement critiqués, dépréciés, et mis de côté, par l'effet de la maladresse et plus souvent encore de la mauvaise volonté des ouvriers à qui l'on desire les faire adopter.

M. de Rigny, préfet du département du Puy-de-Dôme, animé du zèle le plus louable pour le perfectionnement de l'économie rurale de la contrée confiée à son administration, ayant été informé de l'arrivée des charrues et de la personne qui devoit en diriger l'emploi, conçut l'excellente idée d'en faire faire publiquement, et solennellement en quelque sorte, en sa présence, devant un grand concours d'amateurs et de connoisseurs, l'essai comparatif, sous les murs mêmes de la ville de Clermont-Ferrand. Cet essai, en démontrant la bonté et la solidité de la charrue de Brie, mit dans toute son évidence la supériorité de la charrue Guillaume sur celles qui étoient entrées en concurrence avec elle; et il résulta du succès qu'elle obtint d'un aveu général, et de la publicité qu'on donna à ce résultat, qu'un grand nombre de cultivateurs desirèrent se procurer cette charrue, et qu'il en existe maintenant plus de quarante en pleine activité dans ce département et dans les départemens environnans (1).

(1) Il résulte d'un état exact et détaillé qui est maintenant sous nos yeux, que, depuis huit mois environ, il s'en est établi, sur divers points de la France, quatre-vingt-sept, dont soixante-trois à un seul soc, et vingt-quatre à deux socs. Nous avons également sous les yeux un Rapport fait à la société d'agriculture, des sciences et des arts de la Haute-Vienne, et approuvé par elle, qui démontre, d'après les résultats de divers essais comparatifs, la supériorité de cette charrue sur celle du pays, pour les défrichemens. Nous n'en sommes pas moins d'avis que

Encouragé par la possession de cet instrument, le propriétaire de la terre de Rendane s'empressa de recommencer ses défrichemens avec une nouvelle ardeur; et pour cette fois, il obtint le succès qu'il desiroit depuis si long-temps en vain; c'est-à-dire qu'il parvint, en attelant quatre bœufs à cette charrue, à bien couper l'espèce de gazon très-tenace formé par les racines de la bruyère et des genêts, et à renverser complétement ce gazon, par bandes larges et régulières, pour le laisser pourrir. Aussi nous écrivit-il *qu'elle avoit causé un grand contentement à ses gens; qu'elle avoit fait l'admiration de tous ceux qui avoient été à même de la voir; qu'il s'en falloit bien qu'il fût le seul à avoir besoin d'un semblable instrument; que tout ce qui l'entouroit avoit des défrichemens à faire; que ce seroit une fortune pour eux, quand ils se décideroient à la mettre en œuvre, au lieu d'écobuer ou laisser en friche, et faire çà et là quelques mauvais défrichemens, qui ne donnent pas en produit ce qu'ils ont coûté en travail.*

Nous ajouterons que nous avons examiné nous-

---

la charrue sans avant-train, lorsqu'elle est construite avec toute la solididité et les proportions convenables, est préférable à celle à avant-train, comme M. Mathieu de Dombasle l'a démontré, par la théorie et la pratique, dans un excellent Mémoire qu'il a adressé a la Société royale et centrale d'agriculture, et que nous avons été chargés d'examiner avec MM. Héricart de Thury et Molard.

mêmes avec beaucoup d'attention une assez grande
étendue de friches détruites par cette charrue, et
que nous avons trouvé les résultats on ne peut
plus satisfaisans. Il nous paroît probable qu'il en
restera peu à détruire cette année, en poursuivant
les premières opérations comme elles ont été
commencées. En attendant que toutes puissent être
enfouies, et que la terre soit ensemencée, après
avoir été réduite au degré d'ameublissement et de
netteté convenable, nous devons faire connoître
l'état dans lequel nous avons trouvé les champs qui
avoient été originairement défrichés, enclos, et
ensemencés autour des constructions.

Un champ assez étendu étoit planté en pommes
de terre : elles étoient fort nettes ; mais elles avoient
été cultivées avec des instrumens manuels, ce qui
en avoit rendu la culture plus dispendieuse, moins
expéditive et moins facile que si l'on eût employé,
pour les planter et les sarcler, les instrumens
aratoires fort simples que nous avons indiqués, et
sur lesquels nous aurons occasion de nous étendre
plus loin. Elles n'avoient pas, non plus, été buttées ;
l'excellente opération du buttage, d'autant plus
utile que le terrain est plus meuble, plus aride, et
la constitution atmosphérique plus sèche, étant
inusitée par-tout dans les environs et dans un grand
nombre d'autres endroits, comme nous aurons aussi

l'occasion d'en faire sentir ailleurs les graves inconvéniens.

Le premier champ qui eût été ensemencé, l'étoit
en seigle d'hiver, dont la paille forte et élevée, ainsi
que la longueur des épis et la beauté du grain, annonçoient la vigueur, et la possibilité d'obtenir sur
ce sol, avec des soins convenables, d'assez bonnes
récoltes de céréales.

En face des constructions, se trouvoit un autre
champ beaucoup plus étendu, ensemencé, après
l'hiver, avec un mélange d'avoine et de vesce commune, qui présentoit le plus beau coup-d'œil à
l'époque où nous l'examinâmes ( le 20 juillet ). Cet
excellent mélange s'élevoit à plus d'un mètre: sur
plusieurs points, il étoit entièrement défleuri ; il
fournissoit un fourrage vert de la meilleure qualité,
qu'on avait déjà commencé à faucher depuis quelque
temps, et qui procuroit aux animaux de travail une
nourriture additionnelle, laquelle suppléoit, de la
manière la plus efficace, à la rareté des pâturages
occasionnée par la prolongation de la sécheresse.
Ce champ bien préparé étoit destiné à être ensemencé en seigle l'automne prochain, et promettoit
d'en donner une récolte fort avantageuse. Il est essentiel de remarquer qu'il avoit été amendé avec une
espèce de marne factice, composée d'un mélange
de chaux vive, et de la terre jaune et limoneuse qui

se trouve en dessous de la pozzolane, et que nous avons indiquée.

Plus loin étoit un autre champ de vesce destinée pour graine, lequel étoit également très-beau et très-net.

A peu de distance, nous trouvâmes un enclos qui avoit produit l'année précédente une récolte assez abondante de pommes de terre, et dans lequel un grand nombre de tubercules, qui avoient résisté à l'hiver, après la récolte, avoient poussé des tiges assez vigoureuses : mais nous crûmes devoir conseiller au propriétaire de faire faucher ce produit pour en nourrir ses bestiaux, parce que nous avions remarqué qu'il étoit entremêlé d'une grande quantité de raifort sauvage *[raphanus raphanistrum]* qui commençoit à défleurir, et qui auroit souillé davantage le champ, si on eût laissé venir cette plante à maturité.

Dans les environs, se trouvoient aussi plusieurs champs étendus, placés consécutivement, et ensemencés avec l'espèce d'avoine courte, dite vulgairement *pied de mouche* [*avena brevis* des botanistes], qu'on ne confie quelquefois au sol que vers le 15 de mai, et sur laquelle nous reviendrons. Elle procuroit un abri fort utile à une prairie artificielle naissante, composée de trèfle commun des prés, qui étoit généralement assez bien levé par-tout, qui présentoit une belle teinte verte, et qui promettoit de fournir, ainsi qu'un petit essai en pimprenelle, à l'aide du plâtre qu'il devoit recevoir, une ressource avantageuse pour la nourriture des bestiaux par la suite.

Enfin, plus loin étoit encore un champ bien préparé, réservé à la culture des raves du pays, connues sous le nom de *rabioules*, ressource précieuse dans cette contrée, en automne, pour la nourriture de l'homme et pour celle de ses bestiaux, mais à laquelle la force de la chaleur avoit nui considérablement ici cette année, comme par-tout ailleurs.

Nous remarquâmes aussi avec plaisir, sur la pente du coteau placé derrière les constructions, une plantation d'arbres conifères, aussi propres à embellir qu'à abriter et à enrichir cet endroit.

Ajoutons à ces divers produits agricoles, à deux petits jardins fort bien tenus, adossés aux constructions, et qui renfermoient d'assez beaux légumes et quelques arbres fruitiers en espalier, deux troupeaux nombreux et en fort bon état, malgré la sécheresse, composés de taureaux, de bœufs de labour, de vaches laitières, de veaux, de genisses, et de bêtes à laine. Nous nous sommes assurés que ces troupeaux s'étoient accrus en qualité comme en quantité, depuis la formation de l'établissement; mais ils nous parurent encore susceptibles d'améliorations.

La race des bêtes à laine, originaire du Querci, et devenue indigène dans le pays, est de petite stature, et a la laine rase et grossière; elle est très-vigoureuse à la vérité, et vit assez bien sur les bruyères, dont elle recherche la fleur et la graine, et dans les maigres pâturages. Les agneaux, choisis avec soin et bien traités, étoient généralement en fort bon état; mais nous pensons qu'il pourroit devenir très-avantageux de croiser les plus belles femelles avec des beliers mérinos de l'établissement royal qui en est peu éloigné; et il est très-probable, d'après les résultats avantageux qu'on est parvenu à se procurer ailleurs, qu'avec fort peu d'avances on obtiendroit bientôt ici un ample dédommagement, tant par la finesse de la laine que par son accroissement en quantité.

A l'égard des gros bestiaux, deux jeunes taureaux du pays, bien choisis et bien tenus, nous ont paru donner de grandes espérances pour relever la race, qui n'est cependant pas aussi petite qu'on pourroit le supposer; et ce genre d'amélioration promet d'heureux résultats, ainsi que le perfectionnement des vaches laitières, vers lequel le propriétaire se propose de tendre par un surcroît de précautions et de soins.

Ces derniers animaux, les plus jeunes sur-tout, trouvent en été une assez bonne nourriture sur la

D *

pelouse qui couvre les interstices de la *cherre*
dont nous avons parlé, ainsi que sur les prairies naturelles, après l'enlèvement du foin. Les taureaux
et les vaches laitières reçoivent les meilleurs pâturages; et ces diverses ressources ont suffi pour
nourrir en été plus de cent de ces animaux, de divers
âges, qui n'y ont pas été mal, indépendamment de
quatre cents bêtes à laine nourries ailleurs. Une
bonne vache de la Limagne s'y est même soutenue
très-bien; mais la nature aromatique de l'herbe
donne plus de vigueur que de lait aux femelles. De
belles genisses, provenant également de la Limagne,
et d'une haute stature, s'y sont aussi très-bien entretenues; et le propriétaire pense avec raison que,
lorsqu'il pourra joindre à ce pâturage le fourrage
vert du trèfle, des pois et de la vesce, comme il
sera bientôt à portée de le faire, il aura tout-à-la-
fois de belles vaches, de beaux veaux, et beaucoup de lait.

Tel est l'état dans lequel nous avons trouvé
ce nouvel établissement rural, dont le sol paroît
avoir suffi jadis, ainsi que le reste de l'Auvergne, à
l'existence d'habitans assez nombreux si l'on en juge
par les ruines de plusieurs habitations qui couvrent
encore aujourd'hui une partie du plateau assez étendu
que nous avons examiné au milieu de cette propriété;
elle étoit d'ailleurs autrefois en culture régulière,

d'après les anciens terriers, et payoit même des cens assez forts.

Sans doute il reste encore beaucoup d'améliorations importantes à introduire sur ce domaine, indépendamment de celles qui concernent les bestiaux. Plusieurs de ces améliorations, que nous avons cru devoir recommander particulièrement, et que nous devons aussi rappeler ici, nous paroissent très-susceptibles d'être tentées, relativement au défrichement et à la culture.

A l'égard du premier objet, si le renversement de la bruyère avec la charrue ne suffisoit pas pour la réduire promptement toute en *humus*, peut-être conviendroit-il d'essayer comparativement d'en brûler les parties les plus ligneuses, et d'en répandre la cendre sur le sol, afin de faire disparoître entièrement ce puissant obstacle à une culture facile. Le rouleau, instrument encore inconnu ici et dans les environs, pourroit aussi, selon nous, être employé avec beaucoup d'avantages pour accélérer la décomposition des tiges ligneuses, en les comprimant et les enterrant un peu plus, en même temps qu'il égaliseroit le sol; et de fortes herses à dents de fer pourroient ensuite déchirer et ramener à la surface toutes les portions végétales peu susceptibles d'une prompte décomposition, afin de les réduire en cendres.

Personne n'est plus convaincu que nous de la

gravité des inconvéniens qui résultent de l'incinération de la couche gazonneuse, après l'écobuage, sur
les terres peu fertiles, de la nature de celles dont
il est ici question ; nous avons toujours pensé que
ce moyen énergique d'activer la végétation, ne
convenoit généralement que dans certaines localités
basses, humides, et sur-tout argileuses et tourbeuses ;
que par-tout ailleurs on détruisoit en un instant,
par cette opération, dont les premiers résultats sont
tres-séduisans à la vérité, la presque totalité des
substances organiques que la nature avoit accumulées
pendant une longue série d'années, et qu'un cultivateur prudent doit tendre constamment à conserver et même à accroître par tous les procédés qui
sont en son pouvoir, s'il veut avoir des moyens con-
tinuels de reproduction. Mais il ne s'agit pas ici de
l'incinération de la couche gazonneuse entière ; il n'est
question que des tiges et des racines ligneuses, peu
décomposables autrement que par le feu, et dont
il est essentiel de se débarrasser promptement. D'ailleurs, il faut le dire, la gravité des inconvéniens qui
suivent l'écobuage, doit être autant attribuée au
vicieux assolement adopté ordinairement après,
lequel consiste à épuiser la terre par une succession
de récoltes céréales, lorsqu'elle peut y suffire, qu'à
l'opération mécanique elle-même. Nous sommes
bien convaincus qu'en établissant immédiatement

une bonne prairie artificielle, on préviendroit efficacement, en grande partie, le mal qu'on redoute
avec raison dans la méthode ordinaire de culture de
ces terrains ainsi écobués.

Quant au second objet, nous ne saurions trop
recommander d'affecter à des essais divers de semis
et de culture comparative, un champ peu étendu,
mais bien soigné, dans les environs du manoir, et
qui deviendrait *le champ de l'omnium*, comme celui
que nous avons examiné avec tant d'intérêt sur le
domaine de M. le marquis de la Boëssière, dans
les environs de Ploermel en Bretagne. On essaieroit d'abord en petit, dans cette sorte d'école fort
instructive, qui devroit se trouver sur toutes les
nouvelles exploitations rurales étendues, tous les
semis et toutes les cultures qui présenteroient quelque
probabilité de succès; on les adopteroit ensuite en
grand, si elles réussissoient en répondant complétement à l'espoir qu'on en auroit conçu; et l'on ne
risqueroit pas de se ruiner, comme cela n'arrive que
trop souvent, par des entreprises hasardeuses faites
sur une trop grande échelle; en ajoutant à ce mal
celui, non moins grave dans l'intérêt public, de dé-
créditer pour long-temps, dans l'esprit de ses voisins, toute espèce d'innovation sur les propriétés
rurales. Heureusement, le propriétaire de l'établissement que nous examinons a trop de prudence et

de savoir pour dépasser les bornes convenables dans ses essais, et pour obtenir jamais d'aussi tristes résultats de son zèle pour l'amélioration de l'économie rurale de son pays.

Les principales plantes qu'il conviendroit sur-tout d'essayer ici, seroient, selon nous :

1.° La variété de seigle dite *de la Saint-Jean,* laquelle, étant cultivée avec succès sur les montagnes élevées, au nord de l'Europe, conviendroit probablement plus dans ce canton que celle qui y est usitée ;

2.° Les diverses espèces et variétés d'épeautre, qui supportent une grande intensité de froid, qui viennent bien sur des terres peu fertiles, qui donnent des produits supérieurs à ceux du seigle, et que nous avons vu cultiver avec beaucoup de succès sur plusieurs points âpres et élevés, en Suisse, en Italie et en France : on pourroit également essayer, avec de grandes probabilités de succès, diverses variétés de froment commun, tirées du nord, comme étant les plus propres à résister aux froids rigoureux de l'hiver et aux intempéries des autres saisons ;

3.° Diverses variétés vigoureuses d'avoine commune, que nous indiquerons plus loin, et qui seroient peut-être préférables à l'avoine courte, sur le mérite de laquelle nous aurons occasion de revenir ;

4.° Quelques espèces et variétés d'orge printanières, et qui seront aussi indiquées plus loin ;

5.° Le sainfoin commun, originaire des Alpes, lequel conviendroit mieux que le trèfle des prés, non-seulement à la nature du sol, qu'il couvriroit d'ailleurs plus long-temps, étant vivace, mais aussi à la nourriture verte des bêtes à laine, et même à celle des gros bestiaux, qu'il n'auroit pas, comme lui, l'inconvénient de météoriser : on pourroit encore essayer la variété à deux coupes, beaucoup plus productive, ainsi que la luzerne lupuline, qui fournit un excellent pâturage; la luzerne faucille, qui paroît supporter très-bien le climat rigoureux de la Suède, qui résiste fortement aussi à la sécheresse, et dont les racines, qui se bifurquent, sont tout-à-la fois traçantes et pivotantes; le trèfle rampant, qui croît ici spontanément comme le lotier corniculé. Toutes ces plantes étant convenablement traitées, fourniroient d'amples ressources pour la nourriture des bestiaux, premier objet qu'on doive avoir en vue dans de semblables entreprises, car tout le reste en dépend entièrement; et l'on ne sauroit trop répéter que c'est du succès dans ce genre que découlent naturellement tous les autres ;

6.° Une espèce annuelle, très-précieuse, de vesce, dont nous avons eu la satisfaction de découvrir, dans un seul canton de l'Auvergne, la culture en grand, qui paroît être ignorée par-tout ailleurs, et que nous indiquerons plus particulièrement, en traitant du mérite qui la rend très-recommandable ici et dans toutes les localités semblables ;

7.° Diverses graminées vivaces, telles que l'avoine élevée, la houque molle, l'ivraie vivace, qui pourroient être associées, avec beaucoup d'avantages, à quelques légumineuses également vivaces, dont les principales ont déjà été indiquées.

Nous aurons encore occasion de recommander quelques nouvelles cultures, très-convenables à ce climat rigoureux, après nous être occupés de celles que nous aurons remarquées dans les environs du Puy-de-Dôme, à notre retour des Monts-Dor à Clermont-Ferrand, par la grande route de Rochefort.

A l'égard des engrais, indépendamment du parcage des bêtes à laine et des gros bestiaux, que le propriétaire a déjà essayé de plusieurs manières avec beaucoup de sagacité, sur-tout pour faire périr la bruyère, ainsi que de la poudrette ou des matières fécales desséchées, et de quelques autres engrais et amendemens énergiques, nous indiquerons comme un excellent moyen d'augmenter la masse des fumiers, à défaut de réservoirs d'urine pratiqués sous les habitations des bestiaux, tels qu'on en voit en Flandre, en Suisse et sur quelques autres points,

une couche de terre placée immédiatement sur le sol,
dans les bergeries et les étables, au-dessous de la litière. Cette couche, de trente centimètres environ
d'épaisseur, et qu'on doit renouveler de temps en
temps, s'imprégnant de toute l'urine, et prévenant
ainsi son infiltration dans le sol, ou son écoulement
et sa déperdition, produit d'excellens effets sous plusieurs rapports, et ajoute singulièrement à la quantité ainsi qu'à la qualité des fumiers, comme nous
avons eu pendant très-long-temps l'occasion de
nous en convaincre par la pratique : elle est très-recommandable par-tout ; mais elle le devient sur-tout
dans les endroits où, comme ici, les engrais, qui y
sont plus qu'ailleurs indispensables, sont rares et chers.

La fougère, employée comme litière, est encore un excellent moyen dont le propriétaire ti-
rera sans doute tout le parti possible. Les râclures
et la poussière de cornes, qu'on emploie avec tant de
succès dans les environs de Thiers, ainsi que les os
broyés, pourroient également être essayés, comme
aussi la suie, les résidus des plantes oléifères, et autres
substances riches en principes fertilisans.

Nous n'avons rien à indiquer ici pour le soin, la
préparation et le bon arrangement des tas de
fumiers ; car nous n'avons vu nulle part, nous devons
le dire, ces engrais mieux soignés, mieux arrangés
et mieux préparés qu'en Auvergne, sur-tout dans le

petit pays appelé *la Combraille;* les cultivateurs de la Brie, de la Beauce, des environs de Paris, et de beaucoup d'autres contrées de la France, qui négligent trop souvent cette importante partie de leur économie rurale, pourroient aller prendre des leçons fort utiles dans ce pays ; mais ils pourroient lui donner en échange bien d'autres leçons qui lui manquent.

En résumé, l'établissement de Rendane, tel que nous l'avons trouvé, présente déjà de grandes et importantes améliorations; il annonce dans le propriétaire qui en a conçu le projet et qui en dirige l'exécution, beaucoup d'ordre et d'économie, joints à un zèle très-ardent pour les progrès de la prospérité agricole de son pays. Si son entreprise est couronnée de tout le succès qu'elle nous paroît digne d'obtenir à plus d'un titre, et qu'elle ne peut manquer d'avoir, selon nous, si les prairies artificielles s'y établissent et y sont maintenues le plus long-temps possible, de manière à augmenter progressivement l'humus, à rendre les opérations aratoires moins nécessaires, les bestiaux plus nombreux, mieux nourris et plus profitables; elle établira nécessairement une révolution avantageuse dans le misérable système adopté presque par-tout dans les environs, qui consiste à abandonner forcément la terre à la nature, pendant vingt ou trente ans, et quelquefois plus, dans un état de stérilité presque absolu, après l'avoir brûlée et épuisée inconsidérément, sans assolement raisonnable, et avec de chétifs bestiaux souvent affamés; elle deviendra une nouvelle preuve fort utile de tout le bien que peuvent opérer les propriétaires ruraux actifs et intelligens, lorsqu'ils se livrent, avec toute l'ardeur et les connoissances nécessaires, à l'amélioration de leurs domaines ; enfin, le succès de cette entreprise apprendra qu'en agriculture, comme dans les autres arts, et comme le propriétaire lui-même s'empresse de l'avouer, la pratique s'accorde quelquefois avec la théorie, ce que tant de personnes s'obstinent cependant encore à contester.

## POST-SCRIPTUM.

Au moment même où cette partie de notre travail est imprimée et près de paroître, nous recevons du savant propriétaire de la terre de Rendane, avec la demande de nouveaux conseils pour l'amélioration de sa propriété, des renseignemens postérieurs à ceux que nous avions recueillis sur cette propriété, et qui nous paroissent trop intéressans pour que nous ne nous empressions pas d'en consigner ici la substance, en attendant que nous ayons l'occasion de leur donner plus de développement.

Ce propriétaire, dont le zèle actif et éclairé s'occupe sans relâche du perfectionnement de sa *ferme expérimentale*, laquelle servira sans doute de modèle pour les pays montueux qui l'entourent, vient d'achever de construire une nouvelle habitation, couverte en tuiles, placée entre ses deux *basiliques rurales*, avec une vaste remise sur le derrière, et un grenier au-dessus. Cet édifice, d'environ treize mètres en longueur sur dix en largeur, remplacera la modeste et frêle chaumière dans laquelle il avoit eu la sage réserve de se loger d'abord, s'étant plus occupé, en bon économe, de ses bestiaux et de ses champs que de lui-même.

Le beau bois qui couvre l'ancien cratère de Mont-chaud, lequel étoit déjà percé, comme nous l'avons annoncé, d'un chemin circulaire qui en facilitoit l'abord et l'exploitation, en même temps qu'il le rendoit propre, à cause de sa proximité du manoir, à offrir les agrémens et la commodité d'un parc, est maintenant traversé par une nouvelle allée, dirigée en pente douce jusqu'au sommet du cratère. Ce sommet pourra former un observatoire fort utile, d'où il sera facile d'embrasser d'un coup d'œil l'ensemble et les détails de cette intéressante propriété, ainsi qu'une grande partie des pays curieux qui l'environnent.

Vingt milliers de plants d'aubépine viennent d'être achetés pour entourer et embellir les champs; et de la graine de cet arbrisseau précieux a été recueillie pour être semée sur cette terre, qui deviendra désormais classique pour le voisinage.

Un nouvel amendement, qui paroît devoir être bien plus utile encore que celui que nous avons déjà signalé, vient d'être découvert par l'infatigable propriétaire; c'est une terre blanche, limoneuse, qui brunit et noircit même, étant exposée à l'air, après avoir perdu son gluten, sa compacité, et s'être effleurie; elle ressemble alors, en tout point, à l'espèce de *loam* ou terre limoneuse excellente des portions les plus fécondes de la fertile Limagne. Elle se trouve placée, à peu de profondeur, en masse considérable, sous une prairie de la propriété, peu distante du centre, dans un endroit remarquable par la quantité et la bonne qualité de l'herbe.

Toutes les fois qu'on atteint cette terre, en creusant des rigoles pour les irrigations, et qu'on la jette sur la prairie, les parties ainsi rechargées se couvrent spontanément de trèfle et de bistorte. Le propriétaire est convaincu que c'est un ancien dépôt d'alluvion des grandes eaux du ruisseau de Rendane, c'est-à-dire, un amas, un sédiment de la partie la plus fertile des terres supérieures, et il ne doute pas qu'elle ne puisse devenir un excellent amendement pour son sol ingrat. Il se propose de l'essayer seule, ou plutôt mélangée avec divers engrais, avec lesquels il formera des *compôts*, qui ne peuvent manquer de devenir très-efficaces.

Il a aussi l'intention de remplacer le parc *mobile* de ses bêtes à laine, par un parc *sédentaire*, sur lequel il fera transporter de temps en temps une couche de cette terre limoneuse, alternée avec de la chaux qu'elle ne paroît pas contenir, du gazon, de la paille et d'autres substances végétales, jusqu'à ce qu'il ait acquis une sorte de meule d'engrais et d'amendement, suffisante pour améliorer tout le territoire environnant auquel elle sera destinée : il fera transporter alors ce parc sur d'autres points qui auront également besoin de son secours.

La culture du froment commun vient d'être tentée : tout doit faire espérer qu'elle prospérera, d'après les précautions qui ont été prises pour assurer son succès ; et des essais en grand vont avoir lieu, sur des terres également bien préparées, pour la culture du chou, élément nécessaire à la subsistance des ouvriers ; pour celle du chanvre, élément non moins nécessaire à leur occupation en hiver ; et pour celle de la carotte, qui procurera aussi une ressource bien précieuse aux hommes et aux bestiaux.

De nouveaux semis de trèfle des prés vont être faits sur une grande étendue de bruyères retournées avec la charrue *Guillaume*, et dont le gazon est déjà pourri et réduit en poussière. On grattera seulement la superficie du sol avec une herse d'épines, de manière à remuer assez le terreau pour couvrir et faire germer le trèfle ; et, dans peu d'années, ce trèfle étant retourné aussi pour faire place au froment, il est très-probable qu'on obtiendra de très-beaux grains sur la terre ainsi préparée.

Enfin, cette terre, long-temps abandonnée à un état de stérilité complet, nous paroît devoir atteindre bientôt, dans sa culture, tous les degrés de perfectionnement desirables ; et nous nous empresserons toujours d'en encourager le propriétaire par nos vœux sincères pour son succès, et même, s'il est

E

possible, par nos conseils pour arriver à un but aussi louable que celui qu'il a en vue.

Nous passons à l'examen de la situation agricole des environs des Monts-Dor et du Puy-de-Dôme, lequel nous fournira l'occasion d'indiquer quelques nouvelles améliorations pour l'entreprise qui jusqu'ici a fixé exclusivement nos regards.

# DEUXIÈME PARTIE.

*Examen de la Situation agricole des environs des Monts-Dor et du Puy-de-Dôme, suivi de l'indication des principaux Moyens d'améliorer cette situation.*

———

EN quittant l'établissement de Rendane, que nous avions visité avec beaucoup d'intérêt, nous nous dirigeâmes sur le village des Bains, aux Monts-Dor, en suivant la nouvelle route, en grande partie tracée, mais qu'on ne peut encore parcourir commodément qu'à cheval ou en litière. Nous étions accompagnés d'un guide connoissant bien le pays, et en état de nous aider dans les recherches agricoles que nous avions principalement en vue.

Le premier objet de richesse pastorale qui fixa notre attention sous ce rapport, fut une des montagnes dépendant de la commune d'Orière. Elle est peu élevée, et renommée dans le pays parmi celles qu'on nomme *montagnes à graisse* ou *du bâtier*,

E *

pour les distinguer des *montagnes à lait* ou *du vacher*.
On fait paître sur les premières les bœufs et les vaches
qu'on veut engraisser, tandis que, sur les autres,
on a pour objet essentiel le produit du lait, la formation du beurre et du fromage, quelquefois aussi
l'éducation des jeunes animaux, auxquels on affecte
ordinairement les portions les moins bonnes en pâturage et les plus escarpées sur les montagnes à
graisse.

Nous examinâmes avec beaucoup d'attention
la nature de l'herbage de cette montagne; et nous
trouvâmes, parmi les plantes dominantes qui le
composoient et qui y croissoient spontanément,
beaucoup de trèfle des prés, de trèfle rampant,
de lotier corniculé, d'agrostides stolonifère et ca-
pillaire, mélangés en diverses proportions avec la
houque laineuse, dans les parties les plus sèches,
et la fléole des prés, dans les plus humides. Au pied
de cette montagne étoit une prairie également renommée pour la qualité de l'herbe, et dans laquelle
se trouvoient assez abondamment, avec les plantes
précédentes, diverses espèces de scabieuse, principalement la succise et celle des prés, la jacée
noire, le plantain lancéolé, la bistorte officinale,
l'avoine jaunâtre, le paturin des prés, la crételle
des prés, et la flouve odorante. Ces diverses plantes
étoient entremêlées de quelques autres, moins utiles

ou nuisibles, en petite quantité, comme le genêt ailé ou genestrole, la canche élevée, la sauge des prés, quelques patiences et renoncules.

D'après les renseignemens que nous nous sommes procurés à l'égard de ce qui se pratique le plus communément sur les montagnes à graisse, elles sont garnies de bestiaux par les fermiers connus sous le nom de *bâtiers*, comme celles à lait le sont par les *vachers*, depuis la mi-mai environ, époque à laquelle les neiges sont assez fondues pour découvrir la majeure partie de l'herbage, jusqu'en octobre, où elles commencent à le couvrir de nouveau. Ces époques varient quelquefois de quinze jours, un mois, et même six semaines, d'après la constitution atmosphérique plus ou moins sèche ou humide, et le degré d'élévation plus ou moins grand de la montagne.

Les animaux destinés à l'engrais sont des bœufs tirés du labour, et des vaches non laitières, qui cessent de donner du lait, de douze à quinze ans. Chaque tête de bétail exige environ cinq mille quatre cents mètres carrés d'étendue pour pacage, ce qui varie suivant la bonté du sol et la qualité des pâturages; et la valeur qu'elle avoit avant d'y entrer est ordinairement accrue de plus d'un quart, quelquefois même d'un tiers, lorsqu'elle en sort ; c'est à-dire qu'un bœuf du prix de cent cinquante francs,

en arrivant à la montagne à graisse, en vaut souvent deux cent vingt, lorsqu'il en descend ; et
qu'une vache de cent francs en vaut quelquefois
cent cinquante. On admet aussi des élèves sur ces
montagnes, et l'on compte pour une tête deux
genisses qui n'ont pas encore atteint deux ans,
et qu'on appelle alors *bourettes*.

En continuant notre route vers les Monts-Dor,
après avoir visité le mont Tancin, près de celui de
Combegrasse, dont le nom indique la bonté du
pâturage, nous ne tardâmes pas à traverser la chétive commune de Pessade, dernier endroit habité
à cette élévation de onze cent quatre-vingt-treize
mètres, d'après les nivellemens barométriques de
M. *Ramond.* Il est abrité par une chaîne de montagnes beaucoup plus élevées, au revers desquelles
se trouve, à treize cent quarante-un mètres, le village de Diane, le plus élevé de la région des Monts-
Dor (1).

_____

(1) Nous devons faire observer ici, avec M. Ramond, que
la distribution des habitations sur les montagnes n'est pas réglée
uniquement par le climat de leurs différens étages, et que beaucoup
d'autres circonstances y concourent. Ainsi, dans les montagnes
d'Auvergne, les habitations s'élèvent beaucoup moins qu'elles ne
le font dans la partie des Alpes située à la même latitude; et la
structure particulière de ces montagnes conspire encore à éloigner
les habitations de leurs cimes. On peut en voir toutes les raisons

Quoiqu'on y aperçoive encore quelques frênes et quelques ormes rabougris, plantés autour des misérables réduits dans lesquels les habitans sont condamnés à passer une grande partie de l'année avec leurs bestiaux, ensevelis, en quelque sorte, sous la neige, aucune espèce de culture en plein champ n'y est plus praticable; et les vents y sont si violens, que les habitations enfoncées, avec des toits surbaissés et presque plats, sont couvertes de mottes épaisses de gazon garnies de terre. Quoiqu'il fît fort chaud dans la plaine, lorsque nous traversâmes ce pays, le 22 juillet, nous fûmes obligés cependant de nous couvrir d'une redingote, de la boutonner pour nous garantir du froid piquant qui s'y faisait sentir, et la neige y existoit encore sur plusieurs points.

Les maigres pâturages, consacrés, en grande partie, aux betês à laine, n'offrent plus dans les alentours que de foibles espèces de graminées, parmi lesquelles dominent le nard serré, la fétuque duriuscule et la canche de montagne, végétant parmi des bruyères à peine élevées au-dessus du sol, de la

---

exposées avec une grande clarté, *page 146 et suivantes de l'Application des nivellemens exécutés dans le département du Puy-de-Dôme, à la géographie physique de cette partie de la France*, par M. le Baron Ramond.

genestrole en abondance, du varaire blanc *[veratrum album]*, dans les parties humides, de l'airelle des marais *[vaccinium uliginosum]*, broutée par les bestiaux, sur les points culminans, et quelques touffes d'aliziers. La nouvelle route s'arrête ici; l'ancienne est indiquée par des tas de pierres, élevés de distance en distance comme autant de repères ou signaux, pour la faire reconnoître aux voyageurs dans la longue saison des neiges, des frimas et des brouillards.

Nous traversâmes lentement, par un chemin assez escarpé, qui doit bientôt être remplacé par celui qu'on va poursuivre et rendre beaucoup moins roide, la chaîne de montagnes qui abrite ce dernier asile de la misère, qu'une longue habitude peut seule rendre supportable. Il seroit bien à desirer de le voir devenir l'asile des arts, comme le sont devenues les hautes chaînes du Jura, de la Suisse et des Cevennes, dont les habitans, cultivateurs en été, sont artisans en hiver, au lieu de rester oisifs, comme ici, près de six mois entiers, et de se livrer souvent à la mendicité. C'est dans les pays de montagnes, sur-tout, que les manufactures jouissent de l'avantage si précieux du bas prix de la main-d'œuvre ; c'est là, et non dans les villes, qu'il seroit utile de chercher à les multiplier.

Nous aperçûmes, sur le revers méridional, une longue série de cabanes ou *burons*, qui retracent les

villages. d'été *de la Suisse*, ou les *chalets* des Alpes,
environnés de plusieurs milliers de vaches et de
bœufs, de genisses et de taurillons, la plupart bigar-
rés de blanc et de noir (1). Nous découvrîmes les
restes antiques du château de Murol, qui rappelle
une des familles les plus distinguées de l'Auvergne;
nous signalâmes dans le lointain les sommets des
Monts-Dor; un vaste horizon se découvrit par-tout.
Ce nouveau spectacle vint nous consoler de l'impression qu'avoit faite sur nous le triste tableau
qui avoit affligé quelque temps nos regards. Bientôt
après, en quittant le large plateau gazonné du puy
de la Croix-Morand, qui s'élève à quinze cent
trente mètres, nous traversâmes, par une descente
rapide et au bruit des cascades, d'antiques plantations de sapins et de hêtres. Nous retrouvâmes avec
plaisir de nouvelles cultures de céréales, de pommes
de terre, de sarrasin commun, de sarrasin de Tar-
tarie, plus vigoureux, moins délicat, mais moins
bon que le premier; de chanvre, qui se trouve encore ici jusqu'à mille mètres d'élévation, où le froment trémois se soutient aussi quelquefois, et même

---

(1) Le Grand d'Aussy assure, dans son *Voyage en Auvergne*, que
les hauts Auvergnats n'achètent dans la basse Auvergne que des
bestiaux à poil fauve, quoique, dans plusieurs provinces, on recherche, au contraire, les vaches noires ou d'autres nuances,
comme donnant plus de lait.

du lin d'été, le tout entrecoupé de riches prairies bien arrosées; et nous arrivâmes à la vallée étroite, humide, prolongée, et très-pittoresque, qui conduit, le long du cours rapide de la Dordogne, au village des Bains.

Ce village peu considérable, renommé à juste titre pour ses eaux thermales, est placé à-peu-près au tiers de cette gorge, terminée en fer à cheval, vers le sud, par les pics des Monts-Dor qui dominent tout ce qui les environne et qui en forment un autre *Vaucluse*. Il renferme quelques restes d'antiquités bien mutilées, provenant, à ce qu'il paroît, d'un ancien *Panthéon*, dont le nom s'est encore ici conservé, ainsi que celui des *bains de César*, et qui rappellent le séjour des Romains dans cette contrée.

Grâces aux soins éclairés du savant administrateur qui a voulu rendre aux eaux de ce pays le même service qu'il avoit déjà rendu aux sources non moins salutaires des Pyrénées; grâces à M. Ramond, dont le nom est prononcé par-tout ici avec autant de reconnoissance que de respect, et dont les plans d'amélioration, confiés aujourd'hui à son digne successeur M. de Rigny, et à M. Bertrand, médecin, inspecteur des eaux minérales, vont enfin recevoir leur entière exécution ; une vaste place, en forme de cirque, au bord de la Dordogne, et qui forme la seule promenade commode, des constructions régulières, et des bains aussi agréables qu'ils sont efficaces, acheveront bientôt de faire disparoître les anciennes irrégularités et incommodités qui rendoient autrefois pénible le séjour dans cette commune. Mais ce qui pouvoit nous intéresser le plus, se trouvoit hors de son enceinte, et c'est là que nous devions aller l'explorer.

Ayant été assez heureux pour nous procurer le guide instruit qui avoit accompagné M. Ramond dans ses utiles et nombreuses excursions sur les montagnes qui environnent le village des Bains, nous nous empressâmes d'en profiter, en employant à les visiter le peu de temps dont nous pouvions disposer.

Notre confrère à l'école royale d'Alfort, M. Desmarest, professeur de zoologie, nous ayant invités à vérifier quelques points de géographie physique qui exigeoient de nouveaux éclaircissemens pour la publication des cartes dressées par M. son père sur l'Auvergne, nous commençâmes notre tournée au bas de la vallée, par le puy du Barbier, au-dessus de la belle cascade de Queureilh, qui se précipite le long d'une coulée taillée à pic, à travers quelques arbres qui ajoutent beaucoup à son effet. Nous visitâmes successivement les puys de la Tache, de Trigoux, de Monaux, de l'Angle, de Mareuil, de Servielle, des Couzeaux, de Cacadogne, et toute la masse élevée d'anciens débris volcaniques qui borde la gauche de la vallée.

Cette contrée, généralement peu boisée, est presque toute couverte de pâturages, consacrés, en grande partie, aux vaches laitières et aux élèves. Nous entrâmes dans plusieurs *burons,* qu'on trouve encore jusqu'à quatorze cents mètres de hauteur absolue, dont quelques-uns sont construits en pierre, mais dont la plupart consistent en de simples cabanes, ou grottes obscures et peu aérées, creusées en terre, entourées et couvertes de mottes de gazon, et éclairées seulement par l'ouverture de la porte. On y distingue ordinairement trois compartimens : l'un comprend l'âtre, l'autre les instrumens nécessaires à la fromagerie, et le dernier sert tout-à-la-fois de dépôt pour le beurre, les fromages, et de chambre, ou plutôt de trou à coucher sur la paille, dans des sortes de caisses en sapin.

Il est nécessaire de faire observer ici que, dans ces misérables réduits, changés tous les ans de place, et qui forment ensuite autant d'enfoncemens dans lesquels les bestiaux cherchent un abri salutaire contre la violence des vents connus ici sous le nom d'*écirs,* qui exercent souvent des ravages effroyables, les hommes, les fromages, le beurre et le lait, quelquefois même les chiens, font ordinairement un échange continuel et réciproque d'exhalaisons aussi nuisibles aux uns qu'aux autres.

Les instrumens employés à la fabrication des fromages ne nous ont rien présenté de particulier ; ils sont presque tous en bois, fort simples et peu nombreux. La malpropreté se fait souvent remarquer, non-seulement sur ces meubles, mais encore sur ceux qui s'en servent, ainsi que dans l'ensemble des opérations, qui consistent à faire cailler le lait avec de la présure, dans des tinettes, sans l'écrêmer, après l'avoir coulé à travers une chausse d'étamine blanche, et en ayant recours au feu dans les temps froids, à le pétrir ensuite, à le saler assez fortement, puis à le comprimer pour le faire égoutter.

La liqueur qui sort de ces fromages appelés *tômes* ou *fourmes*, du poids de seize à dix-huit kilogrammes au moins, contenant encore quelques parties butireuses et caseuses, on y ajoute un peu de lait pur ; on extrait de la crême qui la surmonte, un beurre maigre, blanchâtre, souvent aigre et fort peu appétissant, et l'on tire ensuite du caillé un fromage de qualité aussi inférieure, appelé *gaperou*, qui procure un aliment peu substantiel aux habitans des environs. Le sérum ou petit-lait très-maigre qui résiste à ces diverses manipulations, sert aussi quelquefois à la nourriture des porcs, dont le logement est contigu à celui des *buroniers*, ce qui ne contribue

pas peu à augmenter l'infection qui ne règne déjà
que trop fortement dans cette manufacture toute
agreste ; et le peu d'embonpoint que ces animaux
annoncent indique évidemment le foible avantage
qu'ils retirent du petit-lait ainsi épuré. On en élève
ordinairement ainsi quatre par trente vaches, et
l'on en engraisse quatre autres.

Le produit moyen d'une vache, en fromage de
vente, est évalué, année commune, à soixante-
quinze kilogrammes environ, et celui du beurre, à
douze ou quinze kilogrammes seulement, pour toute
la saison. On obtient un quart de plus sur la montagne de Salers, et un huitième de moins sur celle
du Cantal. L'étendue des pacages affectés à quarante ou soixante vaches s'appelle *une vacherie*, que
le chef ou le vacher limite et circonscrit, en leur
distribuant les différens cantons les plus convenables,
suivant les parties du jour, et en les faisant conduire par le pâtre appelé *gouri*, le matin, d'un côté
de la montagne, et le soir, de l'autre, alternativement.

Le fromage de *tôme* ou *fourme*, dont la croûte,
après avoir été grattée, frottée, et privée de moisis-
sure, est ordinairement colorée avec un tuf rouge
qu'on trouve dans le profond ravin où tombe la
cascade de la Dor, ravin qu'on appelle dans le pays
*le Vallon de la craie*, s'exporte en partie sur divers

points de la France, hors de l'Auvergne, sur-tout à l'ouest et au midi, et quelquefois même à l'étranger : mais il se conserve peu ordinairement ; il passe promptement à l'état d'alcalescence et de décomposition, et supporte difficilement le transport, sur-tout sur mer ; ce qui pourroit tenir au peu de soins apportés à sa fabrication, qu'il seroit sans doute facile de perfectionner, en imitant les procédés de la Suisse, du Jura et de la Hollande (1).

Les fermiers qui louent les montagnes sur lesquelles on remarque ce genre d'industrie, paient aux propriétaires des vaches qui les couvrent une rétribution, moyennant laquelle tout le produit

---

(1) Le Grand d'Aussy rapporte que M. le marquis de la Fayette avoit proposé ( ce qu'une tradition attribue aussi à M. de Ballinvilliers), d'appeler des fromagers hollandois et suisses, et qu'un premier essai en ce genre avoit déjà fort mal réussi, parce que les buroniers les avoient maltraités, et forcés de retourner chez eux. Ils seroient probablement mieux disposés à les recevoir aujourd'hui, et l'on doit au moins le desirer fortement. M. Desmarest a inséré, à l'article FROMAGE de l'*Encyclopédie méthodique*, des renseignemens étendus sur les fromages d'Auvergne, et sur les moyens d'en perfectionner la fabrication.

Pour démontrer les avantages que la France retireroit du perfectionnement de la fabrication de tous les fromages qui pourroient remplacer utilement pour nous ceux que nous tirons depuis long-temps de la Hollande et de la Suisse, il suffira, sans doute, de rappeler que l'importation de ces fromages étrangers nous coûte encore aujourd'hui plusieurs millions.

qu'ils en retirent leur appartient, et ils en reçoivent une, au contraire, pour tous les élèves qu'ils admettent, ainsi que cela se pratique sur les pâturages du mont Pilat près de Lyon, du Cantal, du mont Mézen, du Jura, et des Alpes. Il y a ici des communes qui envoient jusqu'à huit mille têtes de bestiaux sur les montagnes qui les avoisinent, et qui n'ont pas d'autre revenu que celui qu'elles se procurent ainsi. La vente des élèves est encore un objet d'une grande importance, et l'Auvergne en fournit, chaque année, un grand nombre au Poitou, à l'Agénois, à l'Angoumois et au Languedoc.

Les plus jeunes de ces élèves, confiés à un aide appelé *védelet*, sont soigneusement séparés de leurs mères, et tenus à part dans des parcs ; mais lorsque celles-ci s'approchent des burons, deux fois le jour, spontanément ou par l'appât du sel, pour qu'on les prive du lait qui les incommode, on est souvent obligé, pour qu'elles se laissent traire, de lâcher alternativement leurs veaux, qui s'empressent de les teter, et qu'on écarte aussitôt qu'on s'aperçoit que le lait est près de sortir. Sans cette précaution, la plupart le refuseroient obstinément.

Ce moyen nous a rappelé celui que nous avions vu pratiquer dans les rues de Naples, où les vaches laitières sont également accompagnées de leurs veaux, qui commencent à les teter pour qu'on puisse les traire et délivrer aux personnes qui en demandent, du lait chaud et non altéré, bien préférable à la liqueur qu'on nous vend à Paris sous ce nom. Ce moyen l'emporte aussi sur l'expédient bizarre que nous avons vu mettre en usage, sous le nom d'*infornatura*, aux portes mêmes de Rome, dans les environs d'Ostie, et qui consiste à introduire et mouvoir une partie de l'avant-bras dans la vulve des vaches pour les engager à rester en place; expédient que *Niébuhr* dit être employé en Arabie pour les femelles des buffles, et qui a les plus graves inconvéniens (1).

Nous avons remarqué que les vaches de ces montagnes fournissent généralement peu de lait, ce qui tient sans doute, en grande partie, à la qualité de l'herbe, fine, courte et dure. Elle seroit bien plus propre à la nourriture des bêtes à laine, qui n'en ont que les portions les moins bonnes, qu'à celle des vaches laitières; mais elle nous a paru très-convenable aussi à celle des élèves, qui y acquièrent toujours une grande vigueur, un instinct et une vivacité extraordinaires, que nous n'avons pas trouvés, à beaucoup près, aussi prononcés dans les animaux de la plaine, du même âge. Cela nous paroît tenir encore à l'arome dont les plantes abon-

---

(1) Voyez la *Description de l'Arabie*, par Niébuhr, *page 145*

F

dent ici, autant qu'à l'état de liberté et à l'air vif et pur dont ces animaux jouissent; et cela provient également de ce que l'humidité des montagnes élevées ne les affoiblit pas comme le fait celle des plaines.

Quelque sauvages qu'ils soient cependant, on les apprivoise aisément, et l'on parvient à les attirer à soi de fort loin, comme nous l'avons fait en leur montrant un peu de sel, qu'ils viennent lécher dans la main de la personne qui le leur présente. Ce moyen sert fort utilement à réunir tous ces animaux, au besoin ; tant a d'attrait pour eux, comme pour la plupart des autres animaux herbivores, cet assaisonnement, malheureusement trop cher pour qu'on puisse les en faire jouir aussi souvent que leur bien-être l'exigeroit dans beaucoup de localités, et qu'il seroit peut-être facile de remplacer, dans quelques-unes, par un moyen dont nous proposerons plus loin l'essai.

Après avoir examiné sur les différens puys, que nous parcourions avec toute l'attention et l'exactitude dont nous étions capables, les principales plantes, bonnes, médiocres et mauvaises, qui dominoient dans ces pâturages, et que nous indiquerons plus loin, nous commençâmes une autre tournée jusqu'aux sommets des Monts-Dor qui couronnent la vallée vers le sud, en la terminant circulairement. Notre confrère à l'Institut, M. *Thouin*, nous avoit aussi invités à vérifier, sur ce point, si des semis de cèdres du Liban, qu'il avoit faits avec M. *Michaux* dans la vallée de Lacour, ainsi que derrière la montagne du Capucin et dans le vallon de la Pardy, avoient prospéré.

En nous dirigeant du village des Bains vers ce côté, nous longeâmes, pendant quelque temps, à droite, de nouvelles prairies bien arrosées près du cours de la Dordogne, surmontées de forêts de sapins qui s'élèvent majestueusement sur un vaste amphi-théâtre; et, à gauche, quelques chétives productions de céréales, suspendues, pour ainsi dire, sur la pente rapide de la montagne. Bientôt nous remar-quâmes un frappant et bien triste effet de cette déclivité, en voyant, à l'endroit qui porte le nom de l'*Écorchade*, les traces encore très-prononcées d'un grand éboulement de la montagne dans la vallée, accident dont on trouve plusieurs exemples funestes dans ce département, comme dans la plupart des pays de montagnes, où ils sont produits par l'effet de l'ac-tion réunie des pluies abondantes, des fortes gelées et du poids de la neige, sur des terres mobiles par leur nature et par leur position. Nous vîmes aussi se déve-lopper, à droite, la montagne de porphyre à cime arrondie, qui domine la chaîne de ce côté, et à laquelle on a imposé la bizarre dénomination de

F *

*Capucin*, à cause de la ressemblance qu'on a cru remarquer entre la forme du pic prismatique qui en est détaché, et celle d'un moine affublé de son capuchon. A mesure que nous avancions, nous voyions également se développer en face la base des Monts-Dor et les nombreuses dépendances de leur sommet principal, connu sous le nom de *pic de Sancy* ou *de la Croix*. Nous remarquâmes, à sa gauche, la sombre gorge dite *des Enfers*, creusée en entonnoir, ouverte seulement au nord, et présentant dans son intérieur, privé de végétaux sur ses pentes sablonneuses et escarpées, de profonds ravins, couverts de neige en grande partie, et des aiguilles sur lesquelles se perchent les oiseaux de proie qui troublent seuls le profond silence de ce noir séjour et de ses précipices. A droite, se dessinoit agréablement le puy Morand, l'un des plus élevés.

Nous devons dire ici que les pointes multipliées des rochers qu'on remarque de tous côtés, paroissent être autant de paratonnerres, lesquels préservent le village des Bains de la foudre qui éclate souvent dans ses environs, sans jamais l'atteindre. Ce fait intéressant vient à l'appui de l'observation non moins curieuse recueillie par le Grand d'Aussy, de laquelle il résulte qu'il est des cantons que leur position malheureuse semble condamner au désastre de la grêle ; que la commune de Sayat, par exemple, située à l'extrémité d'une chaîne de montagnes qui, par les pointes et les aspérités vraiment effroyables de leurs cimes, attirent fortement les nuages orageux, auroit été grêlée cinq années de suite, lorsque le territoire voisin de Gergovia, montagne à cime plate, ne l'auroit jamais été de mémoire d'homme.

Tandis que les yeux sont agréablement fixés sur tous ces grands objets, qu'on ne peut se lasser de contempler l'un après l'autre, l'oreille est frappée, d'une manière non moins flatteuse, par le bruit de plusieurs cascades qu'on trouve à gauche du chemin, dont l'une, foible, celle de la Dor, est au fond de la vallée ; l'autre, beaucoup plus forte et d'un très-bel effet, appelée *la grande Cascade* qu'on aperçoit du village même des Bains, se précipitant par une chute de quarante-neuf mètres le long d'une vaste coulée taillée à pic, au milieu des blocs de débris volcaniques, grossit beaucoup le cours de la Dordogne. Les sources de cette rivière, les plus élevées de celles de toutes nos grandes rivières, d'après M. Ramond, puisqu'elles se trouvent à une élévation de seize cent quatre-vingt-quatorze mètres, sont peu éloignées de ce point, et elles sont principalement fournies par les ruisseaux la Dor ou le Dor et la Dogne, qui lui ont imposé leurs noms réunis. Il est probable aussi que le premier de ces ruisseaux a donné son nom à l'énorme masse de rochers superposés que nous examinons, et qui étoit connue des anciens sous la dénomination de *Mons Duranius*, et non *Aureus*, comme on le présume en écrivant vulgairement *Mont-d'Or*. D'ailleurs le mot *Dor* paroît être une expression celtique indiquant la supériorité.

C'est au milieu de cet imposant spectacle, aussi grand qu'il est varié, animé encore par de beaux pâturages garnis de burons et de bestiaux, qu'après avoir décrit un grand nombre de circonvolutions, afin de rendre la montée moins rapide, nous parvînmes, en multipliant nos observations rurales et en traversant quelques petits glaciers ou restes de neige durcie, jusqu'au faîte du cône surnommé le *pic de Sancy*, la plus haute montagne et la plus remarquable de l'intérieur de la France, c'est-à-dire, à une hauteur de dix-huit cent quatre-vingt-quinze mètres au-dessus du niveau de la mer, d'après les derniers nivellemens barométriques.

Nous nous empressâmes de jouir du ravissant spectacle que le ciel le plus serein et le temps le plus calme exposoient de toutes parts à nos regards, à cette élévation, d'où nous découvrions, au-delà des troupeaux errans, des beaux lacs qui décoroient les environs, et de la fumée des écobueurs qui s'élevoit sur divers points, non-seulement la haute

Auvergne, le Cantal et le Mézen, qui paroissent être d'anciennes dépendances de ce grand observatoire, la riche Limagne et les différens pays qui la dominent ou la circonscrivent, avec les montagnes du Forez, mais encore plusieurs provinces environnantes, et même, dans le lointain, le sommet et les glaciers perpétuels des hautes Alpes, qui couronnoient un vaste horizon d'une manière très-confuse à la vérité, dans la direction de la petite ville de Besse, située au pied des Monts-Dor. Nous reprîmes, en descendant à côté des aiguilles et des précipices effrayans qui bordent le pic, nos observations sur la nature de l'herbe qui couvre les différens pâturages que nous avions vus, ainsi que sur son emploi.

Ceux de ces pâturages qu'on trouve au pied des montagnes jusqu'à une certaine élévation, étant plus humides, plus abrités et plus amendés par les résultats des décompositions végétales et animales qui tendent toujours à descendre, sont plus gras, plus fertiles; l'herbe y est plus abondante et plus succulente que dans les régions supérieures; et ce sont les plus convenables pour les vaches laitières, et même pour l'engraissement des bestiaux. C'est ordinairement aussi à ces sortes d'animaux qu'ils sont consacrés, quoique cette règle reçoive plusieurs exceptions qui nous ont paru tenir bien plus à

des circonstances accidentelles qu'à un calcul rai-
sonné.

Au-dessus de cette première zone, dont l'élévation et la limite varient en raison composée de la
puissance des abris, de la nature du sol, souvent
noir, végétal et spongieux à la superficie , des
sources qui l'abreuvent , et de l'influence très-pro-
noncée de l'exposition (celles de l'est et du midi
étant généralement préférables à celles de l'ouest et
du nord), l'herbe devient plus rare, plus courte, plus
fine et plus dure ; elle a plus d'arome et moins de
succulence ; elle convient sur-tout aux élèves, auxquels elle donne cette vivacité extraordinaire et cette
grande vigueur que nous avons déjà remarquées.
Elle se compose principalement, parmi les graminées,
de fétuque duriuscule, de canche des montagnes,
de flouve odorante, d'agrostides des Alpes et ca-
pillaire, d'avoine versicolore, de fléole des Alpes,
de seslère des Alpes et de paturin des Alpes. Parmi
les légumineuses, on remarque particulièrement le
trèfle de montagne [ trifolium thalii ], dont les fleurs
sont d'un blanc purpurin, et le trèfle des Alpes,
connu ici, comme sur d'autres montagnes élevées,
sous le nom de réglisse, à laquelle sa racine supplée quelquefois, et que nous trouvâmes très-commun sur les parties les plus élevées, au sommet même
du pic de Sancy, avec le meum athamante et le

plantain des Alpes, qui ne le sont pas moins. Ils croissent sur une couche épaisse de terreau, à côté de l'alchemille alpine, de l'arnique de montagne, de quelques anémones, et de la dryade à huit pétales, auxquelles les bestiaux ne touchent pas. Nous remarquâmes aussi, en grande abondance, vers le sommet, où, comme dans les Alpes, les tiges et les feuilles diminuent de volume, tandis que les fleurs, les fruits et les propriétés augmentent, la fétuque dorée *[ festuca spadicea ]*, à feuilles très-rudes et striées, mêlée avec l'épervière à grandes fleurs, diverses espèces de crépide, de liondent, de piloselle, de laceron et de cacalie, dont les fleurs nombreuses et profondément colorées couvroient la terre d'un riche drap d'or qui brilloit au loin. Elles formoient souvent ici la base des pâturages, avec les graminées, les scabieuses, une petite espèce d'achillée, le jasion vivace, croissant en gazons courts et serrés à côté de la camarigne noire *[ empetrum nigrum ]*, abondante au sommet, et qui ne convient guère qu'aux chèvres.

Ce qui nous prouva que les portions les plus élevées de ces montagnes ne sont pas aussi arides qu'on pourroit le supposer d'abord d'après la nature du sol, c'est que nous trouvâmes, même à l'exposition du midi, près des sommets, plusieurs plantes qui ne se plaisent ordinairement que dans des situations humides, telles que l'œnanthe fistuleuse, l'airelle des marais, plusieurs renoncules, et l'oseille commune. Nous dirons aussi que le chou, qui a également besoin d'une forte humidité pour vé- géter, prospère encore à une grande hauteur dans la vallée, où il est un des principaux ornemens comme une des principales ressources des jardins, et qu'il y devient excellent ; mais nous devons ajouter que nous avons été fort étonnés de voir des tau- pinières assez nombreuses près du faîte du pic de Sancy. Cela nous a paru annoncer que les taupes ont la faculté d'hiverner fort long-temps, faculté qu'il nous semble qu'on ne leur a pas encore reconnue ; à moins cependant qu'elles ne trouvent de quoi vivre en racines et en insectes, pendant sept à huit mois qu'elles doivent rester ici ensevelies sous la neige.

Dans les montagnes qui sont interdites aux bêtes à laine ( et ces utiles animaux en sont souvent exclus ici, quoiqu'ils puissent, selon nous, y devenir fort avantageux, sur-tout vers la fin de la saison, pour brouter beaucoup d'herbes auxquelles les bêtes bo- vines ne touchent pas, et qui leur deviendroient très-profitables alors ), on se détermine ordinai- rement à faucher les portions d'herbage situées sur les pentes rapides où les animaux n'ont pu atteindre. Cette opération même, qui devient fréquemment peu

avantageuse aux malheureux qui l'entreprennent, leur
présente les plus grandes difficultés. Les faucheurs
intrépides qui s'y livrent sont ceints d'une large
courroie, traversée par un anneau de fer, auquel
est fixée l'extrémité d'une corde, dont le bout opposé tient fortement à un pieu enfoncé en terre.
Soutenus et suspendus en quelque sorte en l'air
par ce lien, ils promènent péniblement la faulx,
par un temps calme, en s'inclinant et s'avançant
jusque sur les points les plus escarpés : mais ils ne
profitent pas toujours de l'herbe ainsi coupée; elle
est souvent entraînée par le vent au fond des précipices qu'ils affrontent ainsi sans partager l'effroi
qu'ils inspirent à ceux qui les contemplent. Nous
avons aussi remarqué sur ces pâturages un assez grand
nombre de plantes nuisibles qui les déprécient.

Outre celles que nous avons déjà mentionnées,
nous citerons en premier lieu la grande gentiane,
qu'on a appelée avec raison *le géant des plantes
alpines*, et qui descend jusqu'aux montagnes inférieures, s'élevant quelquefois à près de deux mètres
et s'opposant au développement du gazon, qu'elle
recouvre et étouffe par ses larges feuilles. Elle est
extrêmement commune dans certaines localités,
et elle nuit beaucoup aux pâturages, qui sont
d'autant moins recherchés et affermés, qu'elle y est
plus multipliée. Les bestiaux n'y touchent pas : on

nous a assuré cependant que les bœufs et les vaches
la broutoient sans inconvénient, et avec assez d'a-
vidité, vers la fin de la saison, sans doute lorsque les
autres plantes leur manquent et que sa grande amertume a été amortie par le froid. On a remarqué ailleurs
la même chose à l'égard du varaire blanc, de l'asclé-
piade dompte-venin, et de quelques autres plantes
très-nuisibles en pleine végétation.

La gentiane a été l'objet d'un commerce assez
considérable, il y a quelques années, pour remplacer le quinquina, puisqu'on a exporté une grande
quantité de ses racines, abondantes aussi en fécule,
et dont les habitans de la Carniole, de la Suisse
et des Vosges, distillent une liqueur spiritueuse.
Son extirpation, ainsi que celle de toutes les espèces
de ce genre qui répugnent aux bestiaux, ne pourroit
que devenir avantageuse sous ces différens rapports.

Nous avons vu aussi la variété de genevrier,
appelée, par Bauhin et Tournefort, *juniperus minor
montana*, et que Linné a trouvée nuisible aux pâturages élevés de la Suède : nous nous sommes assurés
qu'elle nuisoit également beaucoup ici, en couvrant
de larges espaces de ses nombreux rameaux, étalés
contre le sol qu'ils privent d'herbe. Il conviendroit également de l'extirper.

Le varaire blanc, les aconits et les renoncules,
les anémones sur-tout, sont encore communs sur

quelques pâturages. Lorsque ces plantes sont très-multipliées sur une montagne, les bestiaux, nous a-t-on dit, en sont fort incommodés ; quelques-uns même périssent empoisonnés, et le pacage est décrédité pour long-temps : on assure aussi qu'on voit tout-à-coup les animaux qui en ont mangé, enfler prodigieusement et pousser des mugissemens horribles ; que leurs yeux se retirent et s'affaissent ; qu'ils rendent beaucoup d'écume par la bouche ; et qu'en moins de vingt-quatre heures, ils meurent avec des convulsions dans les muscles du cou. La racine d'*actéc en épi*, insérée dans des scarifications faites au cou, est souvent employée comme moyen curatif ; mais nous ne pouvons garantir qu'elle produise fréquemment les bons effets qu'on en attend dans ce cas. Il seroit sans doute plus sûr de prévenir le mal dans son principe, par l'usage du moyen indiqué pour les autres plantes ; et quelques gratifications données aux pâtres, qui restent oisifs une partie de la journée, suffiroient pour faire extirper les plus nuisibles.

On emploie par-tout un autre moyen excellent d'améliorer les pâturages, et qu'on appelle *la fumade*. Il consiste à faire parquer les bestiaux successivement sur toutes les parties, en changeant de place chaque année les burons près desquels ils sont rassemblés au milieu du jour et tous les soirs, renfermés quelquefois dans des claies épaisses, environnés de chiens très-forts et très-méchans, pour les défendre contre les loups. Cette pratique change avantageusement la nature de l'herbe; elle fait souvent disparoître le nard serré et la fétuque duriuscule, qui se trouvent remplacés par de meilleures plantes; mais elle fait aussi développer quelques plantes qui sont nuisibles, parmi lesquelles nous citerons la patience des Alpes [*rumex alpinus*], connue ici sous le nom de *rhapontin*, comme elle l'est ailleurs sous celui de *rhubarbe des moines*, et dont les racines, qui remplacent quelquefois la vraie rhubarbe, se vendent sous celui de *rhapontic*, avec lequel on le confond à tort, comme l'avoit déjà remarqué M. de Candolle.

Après avoir parcouru, en descendant du pic de Sancy, le Puy-Ferrand, dont le sommet oriental s'élève à dix-huit cent soixante-trois mètres, et jusqu'où s'étend, de ce côté, la vaste propriété dépendant du château de Murol; après avoir visité également les autres montagnes importantes, groupées d'une manière pittoresque autour de ce pic, ainsi que le vallon de Lacour, il nous restoit encore, pour avoir une idée de toutes celles qui dominent la vallée des Bains, à examiner les hauteurs qui la limitent à droite, et dont les principales sont celles du Cliergue, du Rigolet et de l'Uclergue.

Cette partie a un caractère agricole tout différent des deux précédentes. Tandis que ces deux-ci sont souvent presque entièrement dépouillées de bois et couvertes de pâturages et de burons, celle-là est presque par-tout, au contraire, couverte de sapin commun, sur les endroits les plus élevés, et, sur les pentes, de hêtre, de frêne, de sorbier des oiseleurs, d'alizier et de cerisier mahaleb, au-dessous desquels on retrouve, avec les prairies qu'ils circonscrivent, les saules pentandre et marsaut, le groseiller des Alpes et le framboisier.

Nous eûmes beau visiter, avec la plus scrupuleuse attention, les alentours de la montagne dite *du Capucin*, nous ne pûmes y découvrir, non plus que dans la vallée de Lacour et le vallon de la Pardy, que nous avions déjà explorés de même, aucune trace des cèdres du Liban dont MM. Thouin et Michaux avoient disséminé les graines dans ces âpres endroits, à une époque déjà reculée. Nous conjecturâmes que ces beaux arbres, qui résistent assez bien aux froids de nos hivers, lorsqu'ils ont acquis un grand développement, n'avoient pu supporter, dans leur premier âge, les rigueurs qui se font sentir ici une grande partie de l'année, et que, pour les y introduire avec quelque espoir de succès, il faudroit probablement les y transporter dans un âge assez avancé. Le mélèze, qu'on ne trouve guère que sur le revers méridional des Alpes, et qu'on est parvenu à transplanter avec succès du Valais sur le Jura, exigeroit probablement les mêmes soins pour réussir ici, ainsi que d'autres arbres de cette famille, plus délicats que le sapin commun. Au reste, si les espèces variées y manquent en arbres résineux, les individus de celle qui s'est emparée exclusivement du sol n'y sont pas rares, au moins; ils nous ont même paru excéder de beaucoup les besoins actuels; car nous en avons vu un très-grand nombre dépérissant sur pied, outre un aussi grand nombre pourrissant par terre sans utilité; et nous avons été surpris de ne trouver, pour une forêt qui a plusieurs myriamètres d'étendue, qu'un seul moulin à scie, qui est bien loin de suffire à la grande quantité de matériaux à exploiter qui l'entourent.

Nous n'avons remarqué, non plus, nulle part sur ce point, de nouveaux semis artificiels dans cette essence, et ceux de la nature nous ont paru insuffisans pour remplir les lacunes que les arbres morts ou mourans, nécessairement très-nombreux chaque année, occasionneront dans peu, ce qui commence déjà à se montrer sensiblement; de sorte qu'après avoir eu en excès du bois de chauffage, de charpente et de menuiserie, il est à craindre, si nous ne nous trompons, et s'il n'y a pas d'autres ressources, qu'on n'é. prouve par la suite, dans les environs, les graves inconvéniens d'une disette de bois qui se fait déjà sentir sur plusieurs points dans cette province. Cette disette force les habitans, par-tout où elle existe, à ne cuire leur pain que deux fois seulement pendant tout l'hiver, ce qui le rend aussi dur que le biscuit des marins, et souvent malsain ; à employer quelquefois au chauffage des fours la fiente même de leurs bestiaux, au grand détriment de l'agriculture ; ou les bruyères, qu'ils ne peuvent extirper qu'en dégradant les montagnes ; enfin à suppléer au manque de combustible en vivant confinés dans leurs étables, dont la chaleur et les exhalaisons sur-tout les réchauffent en viciant l'air qu'ils respirent, ou bien en se chauffant, comme à Chaudes-Aigues, avec les vapeurs des eaux thermales. Ajoutons que ce fâcheux état de choses pourra se trouver encore beaucoup aggravé et accéléré par une autre circonstance que nous exposerons tout-à-l'heure.

En traversant, dans toute leur longueur, la série prolongée de plantations de cette nature, au milieu des véroniques qu'on récolte avec quelques autres plantes, et qu'on vend et exporte comme *vulnéraires suisses*, ce qui fournit à un petit commerce en ce genre, nous parvînmes à un ancien repaire fameux de brigands, établi au sommet d'un cône élevé de cent dix mètres, isolé de toute part au milieu des bois.

G

On le nomme la *roche Vendeix* ou *du Siège*, sans doute en mémoire de celui qu'un Béthune, vicomte de Meaux, dirigea, en 1300, pendant six semaines entières, contre cet énorme amas de pierres, taillé à pic de plusieurs côtés, et d'un accès très - difficile : il parvint à en chasser Aimerigot Marcel, surnommé le *Roi des pillards*, qui, retranché avec les nombreux compagnons de ses forfaits, appelés les *Aventureux*, dans le fort qui dominoit le faîte, en sortoit pour se livrer à ses excursions lointaines dans l'Auvergne et le Limousin, afin d'y piller les voyageurs et rançonner les habitans, en profitant des désordres civils qui désoloient alors la France.

Sur cet ancien théâtre de crimes, arrosé des larmes et du sang de toutes les victimes immolées à la fureur de ce redoutable chef de bande et de ses satellites, qui portoient la désolation parmi les paisibles cultivateurs des environs, nous trouvâmes paissant tranquillement des bêtes à laine d'une petite race, renommée pour l'excellence de sa chair, comme celle qui couvre les pâturages de Vassivières, près du lac Pavin, et qu'on aperçoit du sommet des Monts-Dor.

Le petit troupeau que nous examinâmes attentivement au sommet même du rocher, nous présenta un fait qu'il nous paroît intéressant de faire connoître, parce qu'il est en opposition directe avec une idée populaire assez répandue, et qu'il confirme d'ailleurs des observations analogues que nous avions déjà eu occasion de faire.

Le maigre pâturage auquel étoit réduit ce trou-peau, étant entièrement privé d'eau et exposé de toute part à la longue sécheresse qui régnoit depuis plusieurs mois, étoit presque par-tout d'une grande aridité. Une seule espèce de plante y végétoit très-vigoureusement; c'étoit le serpolet commun [thymus serpillum, L.]; il abondoit ici et parfumoit les environs de l'arome de ses fleurs entièrement développées, dont une grande partie du sol étoit richement émaillée. On s'attendra peut-être à voir ces timides animaux, privés pour ainsi dire de toute autre nourriture, se repaître avec délices de ces fleurs qui sembloient les y inviter par leur parfum : nous remarquâmes tout le contraire ; nous les trouvâmes par-tout intactes, ainsi que les feuilles et les tiges qui les supportoient. Ces bêtes à laine, affamées en quelque sorte au mi-lieu des autres herbes rares et flétries, et des utiles lichens parelle et d'Islande qui cachent ici quelque-fois, comme ailleurs, la nudité des rochers, et qui s'y conservent intacts aussi lorsqu'on ne les enlève pas pour les arts, ne touchoient ni à ces fleurs ni à leurs tiges, quoiqu'on pense assez généralement que la saveur délicate qui distingue la chair de ceux de ces animaux qui paissent sur les pâturages arides des montagnes, est due au serpolet qu'ils y broutent. La vérité est, d'après nos observations, que le serpolet abonde ordinairement dans les meilleurs pâturages élevés des bêtes à laine, mais qu'elles n'y touchent tout au plus, comme cela a lieu pour un grand nombre d'autres végétaux peu recommandables d'ailleurs comme aliment, que lorsque, cette plante étant fort jeune encore, son odeur aromatique est peu développée. Nous avions déjà eu occasion de faire cette remarque dans les Ardennes, sur les Vosges, les Cevennes, et sur notre propre exploitation rurale; et c'étoit sans doute en cet état que se trouvoient les plantes que Linné et ses élèves étoient parvenus à faire brouter par les chèvres et les bêtes à laine. Nous devons même dire ici, à cette occasion, que la nombreuse famille des *labiées*, à laquelle le serpolet appartient, et qui est si utile sous d'autres rapports, est, comme celle des *scrofulaires* qui y touche, et plusieurs autres qui les suivent immédiatement, une des séries qui fournissent le moins de plantes propres à la nourriture des bestiaux; ce que nous croyons avoir bien démontré dans l'ouvrage que nous allons publier sur les meilleurs moyens de détruire celles qui sont les plus nuisibles au cultivateur.

De retour au village des Bains, après avoir parcouru les principaux points qui l'environnent, nous terminâmes nos courses en visitant quelques-uns des principaux objets d'économie rurale qui l'avoisinent plus immédiatement. Nous fixâmes d'abord notre attention sur les belles prairies qui bordent de chaque côté les rives de la Dordogne. Ces prairies sont très-fertiles ; plusieurs sont circonscrites par des clôtures, dans lesquelles on remarque diverses espèces et variétés de saules, le sureau à grappes, le camerisier, le groseiller des Alpes, celui des rochers, et le framboisier, dont les fruits sont, avec la fraise et les baies de l'airelle myrtille, les seuls de cet ordre que la nature accorde à ce climat rigoureux, pour la nourriture de l'homme. Elles sont généralement arrosées avec beauconp d'art, et fournissent souvent, dans un court espace de temps, jusqu'à trois coupes de foin de première qualité.

En examinant attentivement la distribution régulière des eaux, établie par-tout, depuis leurs retenues, d'après les pentes relatives du terrain, nous remarquâmes qu'il se formoit, dans plusieurs endroits bas où elles stationnoient un peu, un dépôt de nature ferrugineuse, sur lequel nous aurons occasion de revenir ailleurs, en parlant également des fossés souterrains de desséchement, remplis de cailloutage et recouverts de gazon, que nous observâmes avec d'autant plus d'intérêt, que cette excellente pratique est beaucoup trop rare en France sur

les sols qui pèchent par excès d'humidîté. Quelques-
unes de ces prairies nous parurent, à la vérité,
avoir besoin d'être renouvelées et rajeunies, pour
ainsi dire ; mais ici, comme dans le Cantal, ce grand
moyen, qui consiste à les défoncer, à les alterner
avec d'autres cultures pendant quelques années, et
qu'on emploie ailleurs avec le plus grand succès,
paroît encore ignoré ; il y est au moins inusité.

On met quelquefois les bestiaux dans ces prairies, au printemps, avant de les conduire à la montagne, sur-tout lorsque la gelée a amorti la pointe
de l'herbe. On appelle cette pâture *les premières
herbes* ou *le déprimage ;* et l'on trouve que les prairies ainsi *déprimées* donnent autant de foin que si
l'on n'y avoit pas mis les bestiaux, lorsqu'ils n'y
restent pas trop long-temps, et que la constitution
atmosphérique n'est pas trop sèche ; parce qu'ils
raniment la végétation en broutant les herbes flétries. On leur fait consommer aussi *les dernières
herbes* sur place, lorsqu'ils descendent de la montagne ; et l'on fait manger en hiver le foin, et particulièrement *le regain,* qui leur donne beaucoup de
lait. Mais on fait peu de litière ; ce qui leur nuit.
A la vérité, on nettoie souvent les étables ; on
étrille même les vaches, et on leur donne une
petite quantité de sel qui leur fait le plus grand
bien. Cependant, on les tient généralement trop

chaudement dans leurs retraites d'hiver; et le passage brusque de ces sortes d'étuves à des pâturages
froids, leur devient fréquemment pernicieux dans les
premiers jours de leur sortie, comme le fait aussi l'a-
bondance d'une nourriture relâchante, qui succède
à des alimens secs qu'on est souvent forcé d'éco-
nomiser à la fin de l'hiver.

Outre les plantes qui font la base des prairies, et
dont nous avons déjà fait mention, nous trouvâmes,
dans plusieurs de celles-ci, plus abondamment qu'ailleurs, la bistorte, dont Kalm assure que les racines
moulues procurent une farine aussi saine qu'agréable,
et dont les semences nombreuses pourroient également fournir, ainsi que plusieurs autres polygo-
nées, une bonne nourriture dans les années de disette; le trèfle brun [ trifolium spadiceum ], très-
abondant dans les parties humides, où il produisoit
un excellent fourrage, et de la graine duquel nous
avons fait une ample provision, afin de le soumettre
à quelques essais comparatifs, dans la vue d'en répandre la culture, s'il s'en montre aussi digne que
nous le présumons; l'orobe des bois; l'agrostide
stolonifère, si vantée par les Anglais sous le nom
de fiorin, et que nous avons trouvée, aussi, très-
abondante dans les portions les plus humides, à
côté de la scabieuse de montagne, de la spirée
ulmaire, de l'avoine jaunâtre, de l'épilobe à feuilles

étroites, de la brize tremblante, de la crételle hupée, de quelques campanules et de la gesse des prés. Toutes ces plantes excellentes sont mélangées avec la flouve odorante, qui parfume fréquemment le foin des prairies alpines, mais qui fournit peu, et qui a l'inconvénient de se dessécher souvent avant la maturité des autres, parce qu'elle est très-précoce.

Ces plantes se trouvoient quelquefois associées avec le ménianthe trifolié, ou trèfle d'eau, auquel les bestiaux ne touchent pas, si l'on excepte la chèvre, qui en est avide; la canche aquatique, dont les feuilles rudes et coupantes leur répugnent aussi; des ériophores, dont les aigrettes soyeuses, qu'on accuse de produire des égagropiles dans les estomacs des ruminans qui les broutent, ont été employées avec succès pour les arts dans le nord; la grande berce, dont les feuilles vertes peuvent quelquefois devenir utiles, mais dont les tiges fortes et ligneuses font un très-mauvais foin; et le tussilage pétasite, plante très-envahissante, dont nous avons vu une prairie basse, assez étendue, presque entièrement couverte, et qu'on fauchoit pour la donner verte aux vaches, comme il paroît que cela se pratique aussi dans le Tyrol italien, mais qu'il vaudroit beaucoup mieux détruire pour lui substituer de meilleures plantes.

Au-dessus de ces prairies, s'élève en amphi-

théâtre, sur-tout à gauche, au milieu des débris volcaniques, une série prolongée de champs de seigle,
entrecoupés de quelques autres cultures fort ingrates,
agrandies chaque année par le déblai des laves, et
suspendues, pour ainsi dire, comme nous avons
déjà eu occasion de le remarquer, sur les pentes
extrêmement rapides qui bordent la vallée, jusqu'à
une hauteur absolue de treize cents mètres, à
l'exposition du midi. Toutes ces cultures sont ma-
nuelles, très-pénibles, et généralement peu productives. Leurs produits mûrissent difficilement ; ils
sont fréquemment exposés aux ravages des ava-
lanches, en hiver, des averses et de la grêle, en été;
les grains sont toujours beaucoup plus petits que
ceux de la plaine, et comme avortés. Ces produits
dédommagent bien rarement le laborieux colon de
ses rudes travaux, qu'il pourroit mieux placer ; ils
annoncent en lui une avidité mal raisonnée, autant
qu'une patience à toute épreuve. Ces cultures ont,
en outre, le très-grave inconvénient d'occasionner
des éboulemens toujours fâcheux; et de bons pâturages, ou d'utiles plantations, deviendroient bien
plus avantageux ici, sous tous les rapports, que les
chétives récoltes qu'on y obtient à grands frais.

En général, tous les défrichemens et remuemens de
terre pour la culture, devroient être interdits rigou-
reusement parmi nous, ainsi qu'ils l'ont été depuis

long-temps, avec le plus grand succès, en Toscane, par une ordonnance du grand-duc Léopold, sur les pentes rapides, qui, dans l'intérêt général et particulier, doivent rester affectées exclusivement aux pâturages et aux bois. On ne sauroit trop répéter que l'on ruine tous les pays de montagne, comme il n'en existe que trop d'exemples en France, en s'obstinant à vouloir y récolter des grains, malgré tous les obstacles que la nature du sol, l'âpreté du climat, et sur-tout les difficultés de la disposition et de la situation du terrain, opposent constamment à cette culture. Il conviendroit de la proscrire sévèrement par-tout dans de semblables positions, puisqu'on ne peut réellement s'y livrer sans dégrader la terre, sans nuire beaucoup aux champs qui se trouvent au-dessous, et souvent aussi sans détruire des abris et des sources fort utiles à la contrée, que l'on prive ainsi, à son grand désavantage, de ses plus riches ornemens.

Un autre abus, qui ne nous paroît pas moins répréhensible, et que nous devons également signaler ici, puisqu'il nous a frappés comme le premier, c'est l'entretien de troupeaux de chèvres, qu'on laisse impunément ravager les bois, dans les environs du village des Bains. L'observateur attentif ne peut être que profondément affligé de l'état de dégradation auquel sont réduits presque par-tout les hêtres et autres végétaux du premier rang, qui ne forment plus que de foibles buissons, au lieu d'arbres majestueux qui couvriroient si utilement la nudité des coteaux à pente rapide ; et c'est sur-tout aux chèvres qu'on laisse divaguer dans ces endroits, et à leur excessive voracité, que ce résultat doit être attribué. Il ne nous paroît pas moins urgent de mettre un frein à cette abusive tolérance, qui contribueroit encore fortement à accélérer l'époque de la disette du bois, si l'on n'y prenoit garde, et à rendre ces coteaux nus, déserts et affreux, comme le sont déjà devenues les hauteurs qui, par des causes semblables ou équivalentes, couronnent aujourd'hui si misérablement le riche bassin de Clermont, ainsi que nous le verrons plus loin.

En retournant à ce chef-lieu du département, après avoir quitté, non sans regret, l'intéressante vallée et ses environs qui offrent au botaniste, au géologue, au minéralogiste, à l'agronome et au philosophe, de si profonds sujets de méditation, nous crûmes devoir prendre l'ancienne route qui s'approche de la Sioule, après avoir abandonné la Dordogne, afin d'être à portée de faire de nouvelles observations agricoles.

Près de la Bourboule, endroit qui renferme encore des eaux minérales très-chaudes, et qu'on dit être aussi efficaces, contre les douleurs rhumatismales, que celles du village des Bains, nous aperçûmes, sur le bord de la route, c'est-à-dire à plus de mille mètres d'élévation, au-dessous de Murat-le-Quaire, deux noyers mutilés par le froid, rabougris et stériles ou peu productifs, qui annonçoient évidemment qu'ils avoient été plantés au-delà de la limite que la nature leur a assignée pour prospérer. Un peu plus loin, près du village de la Queuille, à la même hauteur environ, nous remarquâmes une plantation assez belle de hêtres, dont la faîne abondante auroit pu fournir de bonne huile : mais on nous dit qu'on ne songeoit pas à en tirer ce produit, probablement parce que personne n'avoit encore eu l'idée ici d'en introduire l'usage; et c'est ainsi que d'excellentes pratiques agricoles restent souvent inconnues ou inusitées, faute d'exemples pour les accréditer. Nous ne pûmes nous dispenser de songer aussi que, sans les ravages déplorables des chèvres des Monts-Dor, le bel arbre que nous avions sous les yeux, et qui est si multiplié dans les environs, auroit pu y fournir des matériaux pour un nouveau genre d'industrie agricole.

A mesure que nous nous éloignions de ces montagnes, les cultures reparoissoient avec les plaines; elles devenoient beaucoup moins pénibles et plus productives. Il en est une qui mérite quelques

observations : c'est celle d'une variété printanière
d'orge commune [hordeum vulgare des botanistes].
Cette céréale, que nous avions, aussi, vue cultivée
au pied de la roche Vendeix, et dont nous retrouvâmes plusieurs champs, ne pouvant y supporter
les rigueurs de l'hiver comme le seigle, on ne la
confie ordinairement au sol qu'à la fin d'avril, et
quelquefois même en mai : elle étoit encore très-
verte à la fin de juillet, et l'on nous assura qu'elle
mûrissoit souvent à peine en septembre. Nous pensons qu'une autre variété que nous avons recueillie
dans les environs de Deux-Ponts, où elle est
très-estimée, et que nous avons trouvée beaucoup
plus précoce que toutes les autres de cette espèce,
dans les essais comparatifs nombreux auxquels
nous l'avons soumise depuis plusieurs années,
pourroit devenir fort utile dans cet âpre climat;
mais l'orge nue distique [hordeum celeste, dis-
tichum nudum ], qui est cultivée avec beaucoup
d'avantage sur plusieurs points de la France,
qui s'est montrée plus précoce encore d'après
les mêmes essais, et qui est, en outre, plus productive et de meilleure qualité, nous paroîtroit
mériter la préférence sous tous les rapports;
parce que ses grains, revêtus d'une pellicule très-
mince, fournissent une farine aussi blanche qu'elle
est savoureuse et abondante, et parce qu'elle mûrit

ordinairement quinze jours avant toute autre, ce qui fait une différence essentielle pour les pays froids comme celui-ci : nous ajouterons que c'est une des plantes qui ont été si vantées, depuis quelques années, sous la dénomination de *blé d'Égypte* ou *de maï.*

Nous avons également rencontré par-tout, jusqu'à présent, dans les parties montueuses, l'avoine dite *pied de mouche* à cause de la petitesse de son grain et des deux barbes violacées qui y sont implantées : c'est l'avoine courte *[ avena brevis ]* des botanistes. Cette espèce, que nous avions déjà vue souvent cultivée sur les montagnes du Cantal, du Forez, de l'Aveyron et des Cevennes, et qui paroît l'être encore dans quelques parties de l'Espagne, est remarquable par le peu de volume et de poids de son grain, comme par la finesse de sa paille, qui, à la vérité, sont appétés par les bestiaux : mais, attendu qu'elle ne nous a pas paru plus rustique qu'un grand nombre d'autres espèces et variétés avec lesquelles nous la cultivons comparativement depuis long-temps, et qu'elle est beaucoup moins précoce et productive que la plupart d'entre elles, il nous paroîtroit convenable d'essayer de lui substituer, dans plusieurs cas, les variétés les plus améliorées de l'espèce commune, en les soumettant à des essais comparatifs : la terre de Rendane seroit encore très-propre à devenir le théâtre de ces essais, comme des précédens.

Nous avons dit que nous avions remarqué la culture du lin, en descendant dans la vallée des Monts-Dor : nous la retrouvons encore ici ; mais elle est misérable et peu productive, et cela pourroit tenir autant à la détérioration de l'espèce, par une suite nécessaire du défaut de soins convenables pour la renouveler, qu'à la rigueur du climat. Ce qui nous porte à le présumer, et à penser qu'on pourroit l'améliorer, c'est que M. *Baud* nous assure que le lin de Livonie prospère singulièrement sur les montagnes du Jura, et qu'il devroit y remplacer la chétive variété de têtard qui y est cultivée. Il y auroit donc encore ici une nouvelle introduction fort avantageuse à tenter.

En arrivant dans les environs de la petite ville de Rochefort, qui se trouve à-peu-près à moitié chemin entre les Monts-Dor et Clermont, nous vîmes les plaines se développer de plus en plus, la race des bestiaux devenir plus forte et plus élevée, et les cultures se multiplier. Mais l'absence presque absolue de prairies artificielles, la foible quantité d'engrais que les terres reçoivent par une suite nécessaire de ce vice capital de culture, et le peu de soin qu'on prend de les purger des plantes nuisibles dont elles sont infectées, y rendent les récoltes chétives et peu avantageuses. Nous devons dire que nous avons vu des champs entiers dans lesquels le nombre des plantes de carotte et de panais sauvages, de caucalide à larges feuilles, de chiendent, de carline à feuilles d'acanthe, dont le réceptacle remplace quelquefois l'artichaut, de pédiculaires, et d'autres végétaux aussi voraces que pernicieux, excédoit celui des plantes céréales qu'on y avoit semées. Nous ajouterons qu'on ne rencontre que trop souvent en France de semblables réunions des ennemis les plus redoutables des récoltes, ce qui nous a portés depuis long-temps à étudier les meilleurs moyens de les faire disparoître des champs cultivés.

Nous fûmes heureusement dédommagés, un peu plus loin, de cet affligeant spectacle, en examinant la belle propriété, bien plantée et bien tenue, qu'on nous dit appartenir à M. le comte *de Cordey*, où nous trouvâmes pour la première fois le pin d'Écosse [ *pinus rubra* ], donnant d'assez beaux produits, quoiqu'il y fût placé quelquefois sur un sol granitique peu fertile, qu'il pourroit souvent enrichir.

A quelque distance de cet endroit, existe aussi, principalement au hameau de Beaune, commune de Saint-Genest-Champanelle, et sur quelques autres points dans les environs, une culture rare et peu connue, qui mérite quelques détails; c'est celle de la vesce à une fleur [ *vicia monanthos* ], qu'on désigne ici sous le nom de *jaroufle* : on la sème avant l'hiver, seule ou mélangée en diverses proportions avec le seigle, qui sert à la ramer, sur ce qu'on appelle *terre de varenne*, c'est-à-dire, sur un sol granitique, blanchâtre et graveleux. Le fourrage qu'on en obtient fournit un très-bon aliment pour les bestiaux ; on assure qu'il donne plus de lait aux vaches que le fourrage de vesce commune ; et le grain amer, qui répugne sans mélange aux hommes et aux animaux, est cependant quelquefois employé à la panification, mêlé par moitié avec la farine du seigle. Si cette plante est la même que celle qui, sous le nom de *jarosse* (1), est présumée occasionner, dans les environs de la Flèche, des accidens assez graves dans certaines circonstances, il ne paroît pas, d'après nos renseignemens, qu'elle ait ici le même inconvénient ; et ce qui peut la rendre recommandable pour un grand nombre de localités, c'est la

_____

(1) M. Vilmorin, dont la correspondance étendue lui fournit les moyens de suivre les progrès de nos cultures et de les propager, vient de nous informer que *la jarosse* des environs de la Flèche n'est pas notre *vesce à une fleur*, mais la gesse chiche [ *lathyrus cicera* ], sur laquelle nous aurons occasion de nous étendre, dans notre ouvrage *sur les plantes les plus nuisibles au cultivateur*, ainsi que sur les qualités délétères bien reconnues d'un assez grand nombre d'autres plantes de la famille des légumineuses.

propriété que nous lui avons nous-mêmes reconnue, depuis plusieurs années que nous la cultivons comparativement avec d'autres espèces et variétés de ce genre, de résister beaucoup mieux qu'elles aux rigueurs de nos hivers , propriété qui la rend très-précieuse dans cette contrée, et qui pourroit également la faire adopter avec avantage dans tous les pays froids.

Dans la commune de Saint-Genest-Champanelle, où se trouve le beau troupeau de mérinos entretenu aux frais du Gouvernement, on remarque encore, au-dessus du hameau de Fontfreide, de petits bouleaux dont le tronc, qu'on ne laisse s'élever qu'à la hauteur de trente-trois à soixante-six centimètres environ, forme une tête arrondie qu'on dépouille tous les ans de ses rameaux flexibles, pour en faire des balais. Cette méthode, bien supérieure à celle qui est presque par-tout usitée, et qui consiste à dépouiller la tige élevée de cet arbre de ses branches latérales, nous a paru mériter d'être indiquée comme pouvant être adoptée ailleurs avec tous les avantages qu'on en obtient ici.

En nous rapprochant du Puy-de-Dôme, nous retrouvâmes aussi une excellente culture, que nous avions déjà remarquée plusieurs fois en nous rendant à la terre de Rendane, et qui nous paroît également mériter quelques détails ; c'est celle du genêt commun *[spartium scoparium ]*, dont les rameaux, recouverts d'une écorce filamenteuse très-tenace, propre à former des liens et des tissus solides, sont fréquemment employés à la confection des balais, par-tout où le bouleau est rare ou inconnu. On sème ici ce genêt avec le seigle, sur les terres écobuées ; et, en réparant les inconvéniens de l'incinération de la couche gazonneuse, il y rend le quadruple service d'améliorer le sol par ses débris, d'y procurer un bon pâturage en l'ombrageant, de fournir un excellent engrais par ses rameaux les plus herbacés, qui servent de litière après avoir été retranchés, et de produire en outre du bois de chauffage, par ses tiges les plus ligneuses et ses racines, lorsqu'on le détruit, après quelques années d'existence, pour le remplacer par des céréales qui trouvent la terre fortement améliorée. Cette culture, que nous avions déjà eu occasion d'admirer sur la propriété de M. le marquis de la Boëssière, dans les environs de Ploermel en Bretagne, où le genêt, dépouillé successivement de toutes ses branches latérales, pendant sept années consécutives, s'élève, au milieu d'un pâturage abondant, pour ainsi dire en baliveaux qui atteignent quelquefois jusqu'à plus de trois mètres de hauteur, et qui ont assez de grosseur pour être convertis en bois de chauffage et en charbon d'excellente qualité, transportés jusqu'au port de Brest : cette

culture a été introduite aussi sur quelques montagnes
du Jura et du Cantal, avec un égal succès, dans les
terrains maigres, défrichés, où le genêt croît souvent
spontanément, et où il offre un abri fort utile aux
semis naturels ou artificiels d'arbres forestiers. On
l'observe encore rendant les mêmes services, et quelques autres moins importans, sur les terrains secs,
arides, sablonneux des Vosges, et au nord de la
France, ainsi que dans la Belgique et en Hollande,
comme l'a si bien prouvé M. le comte François
(de Neufchâteau) par un grand nombre d'exemples,
dans un excellent mémoire sur le profit que l'agriculture peut en retirer. On ne sauroit donc trop
recommander une culture aussi propre à régénérer
et à rendre moins infructueuses les terres ingrates
soumises à la pratique de l'écobuage, et toutes celles
où il est essentiel de favoriser le développement
des arbres dans les premières années de leur existence.

Revenus au pied du Puy-de-Dôme, que nous
avions longé et laissé à droite en allant à Rendane,
après avoir admiré le grand effet qu'il produit, nous
ne pûmes nous dispenser de faire une courte excursion
sur les flancs de cette montagne, qui domine toute
la chaîne dont elle fait partie, et qui n'est guère
moins connue par la nature extraordinaire de son
sol, couvert d'une grande variété de végétaux,

lequel a été l'objet des recherches et des conjectures de plusieurs naturalistes célèbres, que par l'expérience décisive de Pascal sur la pesanteur de l'air atmosphérique à différentes hauteurs.

Cette énorme masse conique, élevée à quatorze cent soixante-seize mètres au-dessus du niveau de la mer, d'après les recherches récentes de M. Raimond, paroît isolée en l'examinant du côté de Clermont, quoiqu'elle se trouve liée à un assez grand nombre d'autres puys qui y sont contigus. Si le nom de cette montagne, que les anciens appeloient *Podium Dumense*, étoit, comme on l'a conjecturé, dérivé du mot latin *dumus*, et qu'on pût y attacher l'idée d'un lieu boisé, sa configuration actuelle ne répondroit que bien foiblement à sa dénomination et à son état primitifs : à l'exception d'un petit nombre de bouquets d'arbres épars çà et là, qu'on aperçoit encore près de sa base, toute sa surface est consacrée aux pâturages ; sur quelques points seulement, on remarque à nu des rocs, des scories, des boursouflures, et sur-tout des protubérances blanchâtres de la substance qui la compose, connue des naturalistes sous le nom de *domite* (1).

---

(1) On exploite, à peu de distance, une forêt souterraine d'arbres carbonisés, enfouis par les éruptions des volcans, et qui servent au chauffage des habitans des environs d'Ardes. Cette espèce de *lignite* se trouve aussi ailleurs, dans ce département.

Ici , comme sur les Monts-Dor, les habitans des villages voisins couvrent de nombreux bestiaux ces pâturages fort étendus, sur lesquels nous avons souvent vu dominer aussi, au milieu des graminées déjà indiquées, du *poa rubens*, et de quelques autres espèces, le trèfle et le plantain des Alpes, l'athamante meum qui les parfume, et un grand nombre de *composées*, dont les fleurs y étalent un ornement aussi utile qu'agréable.

Il est cependant une circonstance importante qui différencie essentiellement, sous le rapport rural, les Puys-de-Dôme des Monts-Dor; c'est qu'on r. rencontre aucune source sur les premiers, tandis qu'il en existe un assez grand nombre sur les seconds, où la présence des diverses modifications des laves, du porphyre et du basalte, prévient l'infiltration. Ici, la nature graveleuse et poreuse du sol très-perméable aux eaux pluviales, les laisse filtrer promptement, au contraire, quelque abondantes qu'elles soient ; elles ne s'amassent nulle part à la superficie, et ne jaillissent hors de terre qu'à une distance assez considérable de là, pour fournir aux irrigations et abreuver Clermont et ses alentours, après avoir traversé des abîmes creusés sous d'énormes voûtes spongieuses, qui retentissent sous les pas du voyageur. Cette circonstance en établit une très-défavorable sur divers points, par l'aridité des pâturages comme par la nature de l'herbe qui les compose. On y trouve cependant plusieurs prairies assez bonnes, sur un sol fertile, dans les endroits les mieux situés pour conserver l'humidité apportée par les nuages qui enveloppent souvent la cime de ce groupe volcanique, laquelle paroît les attirer et les fixer ; et l'on y fait encore une ample collection de plantes appelées *vulnéraire suisse*, dont les odeurs et les saveurs sont exaltées, ainsi que toutes celles des montagnes élevées.

En quittant ce théâtre de la gloire d'un de nos plus célèbres physiciens, pour terminer notre tournée par quelques observations dans les environs de Clermont ; qu'il nous soit permis de consigner ici une courte digression sur diverses espèces et races d'animaux domestiques qui se sont offertes à nos recherches ; sur plusieurs essences d'arbres qu'il nous paroîtroit utile d'introduire dans certaines localités ; et sur d'autres objets d'industrie agricole, dont cet intéressant département pourroit peut-être encore s'enrichir.

L'espèce d'animaux domestiques la plus importante pour les Monts-Dor et les Monts-Dôme, est celle du bœuf, d'après le genre d'industrie auquel les habitans de ces contrées sont livrés de temps immémorial : elle présente, sur divers points de l'ancienne province d'Auvergne, plusieurs races qui

ont des caractères distinctifs assez tranchés. Celle
des parties les plus élevées et les plus froides est
souvent petite, mais trapue, rustique, et très-vigoureuse ; elle est ordinairement couverte, comme
le sont tous les animaux du nord, d'un poil rude,
serré et alongé, qui la protége contre les intempéries du climat. Elle nous a paru cependant avoir
généralement plus de taille dans la partie élevée
de ce département, que celle que nous avions remarquée sur le Cantal ; mais elle est bien inférieure,
d'après les mêmes observations, à celle que nous
avons admirée dans les environs de la petite ville
de Salers, près d'Aurillac, dont les vaches sont
d'ailleurs bonnes laitières, et qui nous paroîtroit
plus propre à améliorer par le croisement les races
abâtardies des montagnes, que celle de la Limagne
(du marais sur-tout, où elle est d'une taille et d'une
beauté remarquables), qui doit être moins sobre et
moins rustique, comme étant habituée à une plaine
chaude et fertile. Nous avons vu néanmoins, sur
la terre de Rendane, des animaux de cette dernière
contrée, d'une fort belle branche, donner des résultats assez satisfaisans, propres à encourager de nouvelles tentatives à cet égard.

Nous ne présumons pas que les vaches suisses,
accoutumées à de gras pâturages, puissent, quoiqu'elles aient été recommandées pour ces localités

comme pour beaucoup d'autres, rendre les services qu'on en attendroit probablement en vain avec le peu de ressources qu'on auroit pour les bien nourrir ; et nous devons rappeler, d'ailleurs, que les premiers essais du propriétaire de la terre de Rendane, avec des animaux choisis du pays, donnent les plus grandes espérances pour ce genre d'amélioration.

L'espèce du mouton mérite peut-être de partager ici, avec celle du bœuf, plus souvent qu'elle ne nous a paru le faire, l'avantage d'améliorer le sort du montagnard, en couvrant ses pâturages alternativement avec celle-ci, afin de profiter de la totalité de l'herbe, chaque espèce d'animaux ayant une prédilection marquée pour certaines plantes qui répugnent à d'autres, et pouvant ainsi procurer, pour ainsi dire, plusieurs récoltes sur le même terrain, dans un espace de temps fort court. La race que nous avons vue et déjà décrite, a, comme celle du bœuf de montagne, peu de taille, et une laine dure, grossière et jarreuse ; elle est aussi, comme elle, sobre, rustique et vigoureuse : mais elle produit peu, et ses produits ont une bien foible valeur, si on les compare à la laine des mérinos. Il existe à Saint-Gervais, dans l'arrondissement de Riom, une ancienne bergerie de ces derniers animaux, qui a déjà contribué puissamment, avec quelques autres, à l'amélioration des troupeaux des environs, comme le fait également, de la manière la plus directe, la bergerie royale de Saint-Genest. Mais il reste encore beaucoup d'améliorations importantes à entreprendre en ce genre, sur-tout dans la partie montueuse du département, où leur introduction, si elle se propageoit, rendroit les plus grands services, et où les bergeries auroient besoin aussi d'être plus aérées, et fermées moins hermétiquement qu'elles ne le sont ordinairement en hiver.

On a présumé que la race du cheval d'Auvergne avoit joui jadis d'une grande réputation, d'après ce passage de Sidoine Apollinaire, *Arverne.... quosvis vincis equo;* passage qui néanmoins ateste seulement que les Auvergnats passoient pour être de bons cavaliers : mais, quoi qu'il en soit, elle auroit déchu de son ancienne prééminence. On en trouve cependant encore de précieux restes, remarquables sur-tout par une grande solidité ; et l'administration des haras les met à profit. Tous les chevaux que nous avons eu occasion de monter en visitant des endroits d'un accès souvent difficile, à travers des sentiers scabreux, rapides et escarpés, n'ont jamais bronché, étant abandonnés à leur allure naturelle ; et cette race, qui à la solidité joint la sobriété et la rusticité, est bien digne de fixer l'attention du Gouvernement et des propriétaires ruraux riches et intelligens,

On sait que le cheval montagnard est en général vigoureux, dispos, de longue haleine, et bien proportionné ; et M. *Huzard*, dans son *Instruction sur l'amélioration des chevaux en France*, reconnoît que l'Auvergne, ainsi que le Limousin et le Périgord, ne le cède à aucune autre partie de la France pour les chevaux de selle.

Les mulets d'Auvergne ont joui aussi autrefois d'une réputation distinguée, qu'il seroit probablement possible de leur donner encore avec des soins et des encouragemens convenables.

A l'égard de la chèvre, qu'on a appelée *la vache du pauvre*, elle ne doit jamais, selon nous, le secourir en ravageant les propriétés du riche, ainsi qu'elle le fait presque toujours, en dévastant les bois, en détruisant les propriétés communales ; et si elle peut devenir utile à l'existence du malheureux, elle n'en doit pas moins être assujettie par-tout à des règles de police qui lui permettent de conserver tous ses avantages, sans autoriser ses graves inconvéniens. Sa peau est souvent employée ici à faire les outres qui servent au transport du vin dans la montagne, et l'on fabrique avec le lait de cet animal un petit fromage connu sous le nom de *chabrillon* ou *cabrillou*. Il n'a rien qui puisse le faire distinguer avantageusement comme l'est celui de Senneterre, fait avec du lait de vache. Il n'a guère plus de surface qu'une pièce de cinq francs, sur quelques centimètres d'épaisseur; en sorte qu'on trouve dans cette province des modèles des plus petits comme des plus gros fromages, puisqu'on en voit, au Cantal, dont le poids s'élève jusqu'à trente kilogrammes.

L'espèce du porc est une de celles qui nous ont paru non-seulement les plus utiles, mais aussi les plus soignées en Auvergne, comme sur plusieurs points du Bourbonnois. Nous lui avons vu prodiguer presque par-tout les plus grandes attentions par les ménagères, pour l'élever et l'engraisser. Nous ne consignerons ici qu'une seule de ces attentions, que nous avons trouvée d'autant plus remarquable, qu'elle contribue fortement au développement et à la santé de ces précieux animaux, et qu'elle est peu observée ailleurs, où on les laisse croupir dans la fange, sans songer à les nettoyer, parce qu'on s'imagine qu'ils en ont besoin pour prospérer. Ce n'est pas la fange qu'ils recherchent, comme on le pense, mais bien l'humidité qu'ils y trouvent, et dont ils ont grand besoin, ainsi que des frictions, pour donner à leur peau rude, épaisse et malpropre, la fraîcheur, la souplesse et la propreté nécessaires à leur bien-être. C'est ce qu'on nous a paru avoir bien senti ici, où les lotions et les frictions sont regardées avec raison comme d'excellens auxiliaires pour les amener à l'état d'embonpoint desirable. Aussi avons-nous vu très-fréquemment, dans notre tournée, les propriétaires les attirer, par quelque appât, vers les sources, fontaines, ruisseaux ou rivières qui se trouvent dans le voisinage, et les y laver et frotter jusqu'à ce que leur peau fût bien assouplie et bien propre. On nous a assuré, dans plusieurs endroits, que cette salutaire opération se renouveloit tous les jours, et elle s'est introduite dans les villes comme dans les campagnes ; car nous avons vu à Clermont même plusieurs propriétaires de ces bestiaux les attirer, par l'appât de féveroles qu'on leur jetoit et dont ils sont avides, jusque sous le jet des fontaines publiques, où ils recevoient des espèces de douches froides qui leur étoient aussi utiles qu'agréables. C'est probablement à ces soins qu'est due en grande partie la réputation méritée de la charcuterie d'Auvergne, dont on fait une grande consommation dans le pays et au dehors.

Maintenant que nous avons indiqué quelques moyens d'amélioration pour chacune des principales espèces d'animaux domestiques, nous allons essayer d'en proposer un, qui, s'il étoit admissible, comme nous aimons à nous le persuader, leur deviendroit à tous d'une grande utilité.

On convient généralement que le sel commun, appété par un grand nombre d'animaux, est souvent, non-seulement utile, mais nécessaire à ceux que nous élevons pour notre usage, comme moyen de rendre leurs alimens plus savoureux, d'une digestion plus facile, de corriger les altérations nuisibles que ces substances éprouvent, ou d'en diminuer au moins les pernicieux effets, de contribuer enfin à la multiplication de ces précieux individus, en augmentant ce qu'on a appelé leur *salacité*. On convient également que cet assaisonnement est trop cher aujourd'hui presque par-tout, pour que l'économe rural puisse en administrer de temps en temps à ses bestiaux une quantité suffisante, ainsi que nous le voyons pratiquer avec succès sur plusieurs autres points de l'Europe; et l'on assure que les besoins, peut-être aussi les habitudes du fisc, ne permettent pas d'espérer d'obtenir, à cet égard, la modération dans le prix qui a été l'objet d'un très-grand nombre de réclamations, malheureusement trop bien fondées, qui ont précédé, accompagné et suivi notre révolution (1).

Cet état de choses, on en conviendra, est bien propre à inspirer à toutes les personnes qui s'occupent d'agriculture, des idées qui tendent à remédier, en partie au moins, à un mal aussi généralement

_____

(1) Il est peu de provinces qui consomment autant de sel que l'Auvergne, s'il est vrai, comme on nous l'a assuré, qu'il entre pour un septième dans le poids des fromages, et que chaque vache en consomme vingt-trois kilogrammes environ par an.

senti par les agriculteurs ; et si ces idées trompent malheureusement celui qui les conçoit, et ne répondent pas à son attente, elles doivent peut-être trouver leur excuse dans le motif qui les a dictées.

Après ces préliminaires dont notre proposition avoit besoin, nous dirons qu'ayant remarqué depuis long-temps, sur divers points, les bestiaux s'abreuvant, avec une avidité bien prononcée, d'eau minérale acidule, par-tout où ils en rencontroient, nous avons pensé qu'on pourroit tirer un parti fort avantageux de cette indication naturelle, pour administrer régulièrement à ces animaux, dans un grand nombre de localités, cette substance, qui, renfermant souvent du sel commun dans des proportions assez fortes, et contenant, en outre, d'autres ingrédiens qui pourroient, dans plusieurs cas, leur devenir aussi utiles qu'ils le sont à l'espèce humaine, préviendroit peut-être les graves inconvéniens résultant pour eux de la privation d'un assaisonnement de première nécessité.

Ce qui a renouvelé nos premières idées sur l'emploi de ce moyen prophylactique dans la médecine des animaux domestiques, c'est qu'ayant été à portée de visiter, dans cette dernière excursion agricole, beaucoup d'endroits pourvus d'eaux minérales, qui abondent en Auvergne, comme dans tous les pays volcanisés, nous avons vu par-tout ces animaux y courir avec empressement, lorsque les dispositions locales le permettoient, en négligeant les eaux communes qui se trouvoient à côté, ce qui est fort remarquable : mais rien ne fait présumer, nous devons le dire, qu'on se soit occupé quelque part de les en faire profiter par des dispositions particulières, que nous regardons comme nécessaires ; nous avons vu, au contraire, ces eaux se perdre fréquemment pour eux, après un court trajet, sans qu'on pensât à les retenir.

Cet empressement se faisoit sur-tout remarquer au village des Bains au Mont-Dor, où tous les bestiaux s'arrêtent long-temps pour s'abreuver à un foible ruisseau d'eaux thermales, qui traverse la principale rue, ce qui obstrue fréquemment le passage, et pourroit occasionner des accidens : on assure même qu'ils en boivent quelquefois tant, qu'ils en maigrissent. Un intendant de la province avoit fait, dit-on, creuser au bas de la place, sur les ruines de l'ancien Panthéon, un bassin qui recevoit toute la décharge de ces eaux, et qui servoit de bain pour les chevaux malades; mais il n'en existe aucune trace aujourd'hui.

Nous pûmes faire la même observation sur le territoire de Chalusset, au bord de la Sioule, près de Pontgibaut. On y voit deux sources voisines, mais de qualités très-différentes : l'une minérale

et thermale, comme le nom de *Font-chaude* l'indique; et l'autre, d'eau froide et commune, sans
saveur ni odeur particulières. Tous les bestiaux des
environs recherchent avec avidité l'eau de la première, sans s'arrêter à la seconde; on les en éloigne
cependant autant qu'on le peut, parce que, dit-
on, ils glissent souvent sur le terrain, dont la pente
est escarpée, et tombent dans le vallon de la Sioule,
en roulant le long de la montagne. Il est possible
que l'accident soit occasionné par cette disposition
du terrain; mais on a présumé, non sans quelque
raison peut-être, que le gaz acide carbonique dans
lequel ils sont obligés de tenir la tête plongée en
s'abreuvant, pourroit bien en être la cause la plus
ordinaire; et ce seroit un nouveau motif bien puissant, non pour priver entièrement ces animaux
d'une eau qui est pour eux si attrayante, mais pour
prendre toutes les précautions nécessaires, afin d'en
conserver les avantages, sans s'exposer aux inconvéniens (1).

Nous citerons un autre fait que nous avons

(1) Il existe en Auvergne plusieurs souterrains ou cavernes
méphitiques, dont l'air, vicié par un dégagement continuel de
gaz acide carbonique, asphyxie promptement les animaux, comme
nous l'avons vu à la célèbre *Grotte du Chien*, près de Naples. Il y existe
également plusieurs sources désignées sous la dénomination de
*fontaines empoisonnées*, parce qu'elles produisent les mêmes effets,

I

recueilli dans un département voisin , et qui , nous paroissant avoir de l'analogie avec celui-ci , indique également l'empressement avec lequel les bestiaux recherchent ces eaux gazeuses acidules , et la né-cessité des précautions à prendre pour qu'elles ne leur deviennent pas funestes.

Nous étant rendus de Vichy dans la petite com-mune de Haute-Rive , sur les bords de l'Allier, où il existe deux sources contiguës d'eau gazeuse , et où nous desirions prendre des renseignemens sur l'économie rurale de cette partie du Bourbonnois ; le maire, cultivateur intelligent, nous dit que tous les bestiaux étoient fort avides de l'eau de ces sources, dont la décharge fournit une espèce d'é-tang en avant du petit bâtiment où elles sont renfermées ; qu'ils se rendoient spontanément de fort loin à cet étang pour s'y abreuver, et qu'on y avoit trouvé peu auparavant une jument noyée, parce qu'elle en avoit trop bu. On voit qu'ici, comme dans le fait précédent, une autre cause que celle qu'on a soupçonnée pourroit encore avoir donné lieu à l'accident, et que, dans tous les cas, les précautions indiquées paroissent indispensables pour en prévenir de semblables , et pour préserver

sur-tout sur les oiseaux qui en approchent pour s'y abreuver, comme on le remarque encore au lac *Averne*, ainsi appelé par les anciens, à cause de cette influence mortelle pour les oiseaux.

de l'amaigrissement les animaux qui s'abreuvent de ces eaux, sans négliger de retirer tout le fruit possible des propriétés salutaires que leur instinct les porte évidemment à y rechercher.

Nous ajouterons que, dans ce département, à Vichy même, M. Lucas, inspecteur des eaux minérales, dont les talens sont bien connus, est dans l'intention de faire faire, au-dessous des fontaines de ces eaux, un abreuvoir pour les bestiaux. Cette intention, annoncée dernièrement dans les journaux, a été motivée, dans celui des maires, sur l'observation que les endroits où il existe des eaux minérales dont les animaux peuvent profiter, ont été jusqu'à présent à l'abri des épizooties; et l'on ajoute que de pareils établissemens devroient, dans l'intérêt de l'agriculture, être formés par-tout où les localités le permettent. Sans pouvoir garantir ici la solidité de cette importante observation, et sans prétendre la nier, nous n'en sommes pas moins d'avis de l'adoption du moyen dans tous les endroits où il est admissible.

Mais il ne suffit pas, selon nous, ce moyen, pour tirer de ces eaux le plus grand parti possible à l'avantage des bestiaux. Il nous semble qu'après avoir bien reconnu l'utilité dont un grand nombre d'entre elles peuvent être pour remplacer en partie l'emploi du sel commun, et pour remplir d'autres indications également efficaces, il conviendroit non-seulement de prendre toutes les précautions nécessaires pour en régulariser l'usage, mais encore d'indiquer publiquement les qualités précieuses dont elles jouissent, ainsi que le mode d'administration le plus convenable, afin d'engager les cultivateurs trop éloignés des sources pour que leurs bestiaux puissent en profiter directement, et assez rapprochés cependant pour que le transport n'en devienne pas trop coûteux, à venir y puiser toute celle dont ces animaux pourroient avoir besoin pour les maintenir dans l'état de santé desirable. C'est principalement pour les endroits bas, humides et marécageux, que cette ressource offriroit les plus grands avantages ; et, dans ce cas, très-commun, elle ne sauroit être trop recommandée.

Le fait très-curieux qu'on observe près de Clermont, dans un petit enclos appelé *le Salin*, où se perdent des sources minérales abondantes en acide carbonique, et où l'on trouve le *glaux marina* et le *poa salina*, qu'on ne rencontre ailleurs que sur les terres salées des côtes maritimes, démontre que cet acide et ses combinaisons leur tiennent lieu ici des muriates qui favorisent ailleurs leur végétation, comme l'a observé avec raison M. Ramond à l'égard de la première de ces plantes. Ce fait nous paroît fournir encore une forte induction en faveur des eaux gazeuses, considérées comme supplément du sel commun pour les bestiaux , et qu'il seroit d'ailleurs facile de former artificiellement à peu de frais, partout où elles manquent.

Si le moyen que nous indiquons n'est point illusoire, et s'il offre réellement tous les avantages que nous entrevoyons, qu'il nous soit permis d'espérer que le fisc n'apportera aucun obstacle à son adoption, comme il a cru devoir le faire à l'égard des autres sources d'eau salée, et que le Gouvernement prendra, au contraire, tous les moyens convenables pour en faire jouir le plus grand nombre possible de nos animaux domestiques.

Nous nous empressons de déclarer que nous étant fait un devoir de communiquer nos observations et nos idées à ce sujet à M. Huzard, inspecteur général des écoles royales vétérinaires de France, il a bien voulu nous remettre une note de laquelle il résulte qu'on avoit déjà remarqué que les animaux domestiques s'abreuvoient avec plaisir aux ruisseaux et aux décharges d'eaux minérales ; qu'en général ils paroissoient moins sujets à être malades, et sur-tout qu'ils n'étoient point atteints par les épizooties, quand il s'en manifestoit dans le pays.

M. Huzard a eu occasion de s'assurer de ces faits dans les différentes tournées qu'il a faites pour les épizooties, en Allemagne et dans les départemens des bords du Rhin, en 1795, 1796, 1797, et en 1815, dans une grande partie des départemens de la France. Il a généralement observé que les épizooties contagieuses, de la nature de celles qui ont régné à ces époques, avoient respecté les animaux des villages où il y avoit des sources d'eaux minérales, dont ils s'abreuvoient journellement.

Il pourroit citer, en Allemagne, principalement Seltz, Swalbach, Visbaden : le nombre des lieux où ces faits sont passés en chose jugée, en France, est trop considérable pour être cité ici. C'est d'après ces considérations qu'il a engagé M. Lucas, médecin des eaux de Vichy, à faire pratiquer un abreuvoir commode pour les bestiaux, à l'issue des fontaines dont ils ne peuvent profiter dans l'état actuel des choses.

Ces faits, joints à ceux que nous avons rapportés, ne laissent aucun doute sur l'efficacité du moyen que nous proposons.

Après les détails dans lesquels nous avons dû entrer sur ce qui a rapport aux plus intéressans de nos animaux domestiques, nous devons placer ceux qui concernent les plantations.

Beaucoup de bois ont été détruits ou ravagés en Auvergne, comme sur la majeure partie de la France, et un grand nombre de ses montagnes, sur-tout, en ont été dépouillées, au grand détriment de l'agriculture. Nous avons vu que la disette de bois se faisoit déjà sentir sur plusieurs points dans cette province, qu'elle y donnoit lieu à des inconvéniens assez graves, et qu'elle menaçoit de s'étendre bientôt sur d'autres localités : ces circonstances déplorables méritent quelque attention.

Outre les plantations particulières, qu'il convient d'encourager par-tout de la manière la plus efficace, les plantations générales entreprises par le Gouvernement, en donnant un exemple fort utile aux propriétaires ruraux, peuvent contribuer aussi très-efficacement à prévenir le mal, ou à en atténuer les effets. Dans toute la partie haute que nous avons parcourue, nous n'avons trouvé les grandes routes et les chemins vicinaux plantés nulle part; et c'est par ces grands moyens de communication et d'aisance, qui sont en évidence par-tout, qu'il nous paroît urgent de commencer (1).

Dans nos diverses tournées sur le territoire français et à l'étranger, l'état particulier des routes et

_____

(1) On a calculé que, si toutes nos routes et chemins vicinaux étoient plantés convenablement, comme il est à desirer qu'ils le deviennent bientôt, il en résulteroit une quantité de bois égale à celle que produisent toutes nos forêts, et d'une qualité bien supérieure. En admettant qu'il y ait un peu d'exagération dans le premier aperçu, le second est incontestable, au moins ; et tous deux méritent, de la part du Gouvernement, la plus sérieuse attention, qu'ils obtiendront sans doute.

des promenades publiques a été un des objets qui ont fixé plus particulièrement notre attention. Nous avons examiné par-tout en détail ce qu'elles présentoient de louable ou de vicieux sous l'important rapport des plantations ; nous avons cherché à déduire d'un très-grand nombre d'observations variées, quelques conséquences utiles pour la pratique, que nous aurons l'honneur de soumettte un jour au Gouvernement ; et nous allons, en attendant, indiquer sommairement ce qui concerne d'une manière plus spéciale la contrée dont nous nous occupons aujourd'hui.

Nous avons dit qu'il étoit urgent de commencer ici par la plantation des voies de grande communication ; et le motif en est que, dans tous les pays élevés, couverts de brumes et de neige une grande partie de l'année, les arbres ne doivent pas être considérés seulement comme d'excellens moyens de les orner et de les enrichir tout-à-la-fois, mais comme propres encore à y rendre le service plus éminent de prévenir les accidens nombreux auxquels sont exposés les voyageurs, lorsqu'ils se trouvent condamnés à errer, sans aucun moyen qui puisse leur servir de boussole, sur la vaste mer de frimas qui les environne de toute part. On se rappelle les tas de pierres dont nous avons déjà parlé, élevés de distance en distance, au tout aux carrefours, sous la forme de prismes

basaltiques, de colonnes, de pyramides ou de croix,
que nous avons aperçus sur plusieurs montagnes, et
qui y ont été placés comme autant de signaux indica
teurs de la route à suivre lors des brouillards, et dans
la longue saison de l'hiver pour ces contrées. Ces
tertres sont souvent insuffisans; souvent aussi ils
sont dégrades, déplacés ou renversés par des mal-
veillans, ou par la violence des vents. On cherche
à y suppléer par l'usage de sonner les cloches dans
les villages, dès que le soleil est couché, pour
aider les malheureux qui se trouvent égarés dans leur
voisinage à reconnoître leur chemin. Des arbres rem-
pliroient beaucoup mieux, sous tous les rapports,
l'objet qu'on a en vue, par-tout où ils pourroient
végéter: ce qui auroit lieu sur un grand nombre de
points, où la nature les place souvent elle-même.
Il est quelques essences qui pourroient y devenir
spécialement utiles.

Celles qui nous paroissent, par leur nature peu
délicate et par les lieux où elles croissent spontanément, les plus propres à être essayées ici avec d'assez
grandes probabilités de succès, sur la majeure partie des routes, comme dans les promenades et les
places publiques, sont quelques espèces de pins et
de sapins, principalement le sapin commun, et le
sapin pèce ou epicéa *[ pinus picea*, L. *]*, le pin
silvestre, et le pin d'Écosse; le mélèze, le bouleau, le

hêtre ; plusieurs espèces d'aliziers, particulièrement l'alizier blanc *[cratægus aria]*, à feuilles rondes et longues, et l'alizier à feuilles découpées, ou l'allier *[cratægus torminalis]* ; le cochêne ou sorbier des oiseleurs ; l'érable plane, le sycomore, le cerisier mahaleb, le putier ou cerisier à grappes *[prunus padus]*, et le châtaignier.

Entrons dans quelques détails sur ces diverses espèces, et sur les meilleurs moyens à employer pour les faire réussir.

Le sapin commun couvre, comme nous l'avons vu, une partie des Monts-Dor, et il y végète vigoureusement, ainsi que l'observe M. Ramond, jusqu'à la hauteur où les abris l'abandonnent, c'est-à-dire jusqu'à quinze cents mètres et plus au-dessus du niveau de la mer. Nul doute, continue ce naturaliste, qu'il ne s'élevât encore davantage, si la violence des vents ne le repoussoit des sommités dont il revêt les pentes. Dans les Pyrénées, en effet, où il dépasse tous les conifères et atteint la région glaciale, il monte jusqu'à dix-sept cents et dix-huit cents mètres sur le flanc des hautes montagnes qui le protégent ; mais là il fait place aux pins, et ceux-ci prennent le devant pour ne s'arrêter qu'au bord des neiges éternelles : ici, au contraire, c'est le pin qui demeure en arrière, et M. Ramond a déjà fait remarquer cette inversion singulière. Il n'y voit, au reste, qu'une modification introduite, par la qualité du sol, dans les distributions tracées par le décroissement de la température; il reconnoît avec raison que les deux espèces ont en commun la faculté de supporter la froidure des régions très-élevées, mais à condition qu'elles trouveront le terrain propre à leur nutrition. Au Mont-Dor, le sapin satisfait pleinement à sa tendance, parce qu'il rencontre par-tout le terreau où il paroît se plaire. Le pin aime le gravier et les sables, les trouve sur les hauteurs des Pyrénées et s'y élève. Ici, il s'arrête au point où ce sol l'abandonne.

Nous voyons, d'après l'exactitude rigoureuse de ces observations, que le pin d'Ecosse, que nous avons trouvé vigoureux sur un sol granitique et peu fertile, dans les environs de Rochefort, pourroit devenir fort utile par-tout, dans des localités aussi ingrates, ainsi que le pin silvestre; et le sapin pèce, qui croît naturellement dans le nord de l'Europe, sur des montagnes élevées, de même que sur les Alpes, le Jura et les Vosges, pourroit également être essayé ici, avec d'assez grandes probabilités de succès, sur les montagnes pourvues d'humus, quoiqu'il n'y soit pas spontané.

On peut en dire autant du pin mugho et du pin cimbro, qui croissent sur les âpres sommets des Alpes, ainsi que du mélèze, qu'on a tenté avec succès de transplanter dans le Jura, en le tirant du

Valais, et qui y a résisté au rude hiver de l'an 7, dans la patrie des arbres résineux conifères, d'après M. Baud; mais il exigeroit les expositions les plus méridionales, et les deux autres exigent aussi de l'humus pour prospérer.

Quelque extraordinaire que puisse paroître la proposition de garnir les routes et chemins vicinaux d'arbres conifères, nous dirons que nous en avons trouvé bordée, d'une manière aussi utile qu'agréable, celle qu'on a tracée dans des sables mobiles, entre Utrecht et Deventer, dans le royaume des Pays-Bas, et qu'on en voit également dans les environs de Berne en Suisse.

Le bouleau étant le dernier arbre que l'on rencontre en s'avançant vers le pôle, et en montant sur le sommet des hautes Alpes; jouissant aussi de la faculté de végéter sur des sables arides, comme sur les sols crayeux, dans les fentes des rochers, et même dans les marais fangeux; croissant ici spontanément sur les landes et les courans de lave; il mérite de partager avec les espèces précédentes, l'avantage d'orner et d'enrichir les lieux élevés. Nous l'avons vu avec plaisir border une partie de la route qui s'étend d'Aix-la Chapelle à Nimègue, où il faisoit un fort bel effet par la blancheur éclatante de son tronc, jointe à la flexibilité de ses rameaux, si utiles d'ailleurs.

Le hêtre a fourni jadis à ce département, sur le
plateau et sur les puys qui s'y élèvent, comme le
remarque encore M. Ramond, des forêts dont on
ne voit plus que de misérables restes. Il prospère
souvent, ainsi que le bouleau, sur des sols peu
fertiles et à des expositions froides et élevées. Il en
existe une forêt au-dessus de Baréges, à une élévation de quinze cents mètres. Il décore plusieurs
de nos routes par la verdure élégante de son feuillage, en enrichissant les environs par son fruit aussi
utile aux hommes qu'aux animaux domestiques; et
il pourroît rendre ici les mêmes services sur plusieurs points.

Les espèces d'aliziers que nous avons indiquées,
croissent spontanément, avec d'autres moins importantes pour notre objet, dans plusieurs bois élevés
et dans les haies des montagnes, où elles sont quelquefois fort communes. Nous les avons trouvées
plantées aux bords des routes, dans plusieurs endroits du Forez, particulièrement entre Montbrison
et Thiers; et elles seroient encore susceptibles de
devenir utiles sur des terrains peu fertiles, qu'elles
ne redoutent pas.

Le sorbier des oiseleurs se fait apercevoir dans
les bois du Mont-Dor; il résiste à une grande
intensité de froid; nous l'avons vu planté avec
succès sur la route de Péronne à Valenciennes,

sur celles de Rocroi à Mézières, de Hombourg à Deux Ponts, de Saarbruck à Huningue, et sur quelques parties élevées de l'ancien département de la Roer ; il existe sur la route de Clermont à Ambert, jusqu'à mille mètres d'élévation absolue. Son bois et son fruit le rendroient également avantageux ici dans plusieurs circonstances.

L'érable plane croît aussi dans les bois du Mont-Dor ; et le sycomore , appelé quelquefois *érable blanc de montagne,* est commun dans plusieurs bois élevés : ils bordent plusieurs de nos routes montueuses ; ils conviendroient donc encore sur quelques points, ayant, ainsi que la plupart des érables, le double mérite de fournir un très - bon bois et d'être peu délicats sur la nature du sol.

Le cerisier mahaleb et le cerisier putier ou à grappes, moins élevés que les précédens, à côté desquels ils se montrent quelquefois, et non plus délicats, pourroient être entremélés avantageuseemnt avec eux ; ils seroient sur-tout propres à orner les places et les promenades publiques.

Enfin , le châtaignier, que l'on rencontre encore ici à sept cents mètres d'élévation absolue, d'après les nivellemens de M. Ramond, et qui y végète vigoureusement, mériteroit, à cause de l'excellence de son fruit pour les montagnards, d'être admis de préférence sur les terres ingrates qui n'excéderoient pas cette limite.

Nous ne parlons ici ni du frêne, ni de l'orme, ni du tilleul, ni du chêne, ni du peuplier, qui ne sont pourtant pas étrangers à ces contrées, mais qui nous paroissent généralement moins convenables que les arbres précédens pour les situations froides et élevées dont il s'agit.

Entrons maintenant dans quelques détails sur les meilleurs moyens d'assurer la reprise et le succès de ces diverses plantations.

Nous pensons, à cet égard, que les arbres ne devroient jamais être enlevés dans les bois, comme on le fait fréquemment en plusieurs endroits, parce que, y étant serrés et ombragés de toute part par leurs voisins, les racines, les rameaux et les tiges y acquièrent bien rarement les dispositions favorables pour assurer le succès de leur transplantation : ils sont d'ailleurs plus délicats, à cause de l'abri auquel ils ont été accoutumés, et résistent moins aux intempéries que ceux qui ont été élevés convenablement dans des pépinières. Ces pépinières devroient aussi être rapprochées, autant que possible, des localités pour lesquelles les arbres seroient destinés ; car il est essentiel de les acclimater de bonne heure, et de les habituer, dans les premières années de leur végétation, à braver insensiblement les rigueurs auxquelles ils seront exposés par la suite ; il faut encore les familiariser dans l'enfance, si l'on peut parler ainsi, à l'ingratitude du sol qu'ils auront à supporter dans l'âge adulte, au lieu de les soumettre, comme on le fait souvent, à la transition brusque d'un climat tempéré et d'une terre fertile dans une température ordinairement froide et sur un sol stérile.

L'ignorance ou l'oubli de ces précautions indispensables, est la cause la plus ordinaire du peu de réussite des plantations en général, principalement dans toutes les positions ingrates qui les exigent plus particulièrement que d'autres. Il en est une que nous devons encore recommander ici; c'est de faire les plantations très-rapprochées, de les établir même quelquefois sur des lignes doubles, triples, quadruples, et par masses, afin que les arbres puissent se prêter un mutuel secours en s'abritant réciproquement; et cette seule précaution peut assurer le succès dans des lieux où il ne seroit pas probable sans elle, sur les sommités découvertes de toute part, comme on remarque que cela a lieu également sur les bords de la mer. Il est même des cas où des semis bien soignés, épais et abrités, seroient préférables aux plantations, et donneroient des résultats qu'on ne pourroit obtenir autrement; mais nous devons nous borner ici à des indications générales, et passer à un objet non moins utile à la prospérité de nos montagnes.

EXAMEN de divers Objets d'industrie agricole qui pourraient améliorer le sort des habitans des Pays montueux.

NOUS avons annoncé quelques objets d'industrie agricole dont cette ingrate contrée pourroit encore s'enrichir comme bien d'autres : les principaux pour un pays comme celui-ci, où l'accroissement de la population n'augmente souvent que le nombre des malheureux, et où l'art doit s'empresser de profiter des dons que la nature lui fait avec parcimonie, nous paroissent consister, outre ceux que nous avons déjà signalés, dans les plantes qui y croissent spontanément, ou qui sont susceptibles d'y être introduites avec succès, et dont il est essentiel de tirer tout le parti possible.

Parmi ces plantes, nous indiquerons le lichen d'Islande, la violette à grandes fleurs, le meum athamante, le cucubale béhen, l'espèce d'ansérine appelée vulgairement *le bon-henri*, la raiponce en épi, la grande bistorte et les ériophores, comme les principales qu'on pourroit ajouter aux diverses espèces de lichen qu'on y recueille depuis long-temps sous le nom de *parelle*, *perelle* ou *rascla* ; au trèfle

K

des Alpes, dont on substitue la racine à celle de la véritable réglisse ; aux véroniques, dont on tire quelque parti comme vulnéraires ; à la patience des Alpes, qu'on vend sous le nom de *rhapontic ;* à la grande gentiane, dont on a fait pendant quelques années un trafic assez avantageux ; au varaire blanc et à la tormentille, qu'on y récolte encore pour la médecine ; et à quelques autres plantes moins importantes, qui fournissent à cette contrée des moyens de commerce et de subsistance qu'il faut s'efforcer d'augmenter.

On commence déjà, depuis plusieurs années, à recueillir ici les expansions foliacées du lichen d'Islande, qu'on trouve abondamment dans quelques prairies ou pâturages élevés de peu de valeur, et qui sont communes au Mont-d'Or ; on les vend comme plantes médicinales : mais on paroît ignorer l'usage avantageux qu'en font les Islandais comme aliment ; au moins nous n'avons pas été informés qu'on eût pensé à y avoir recours dans les momens difficiles qu'on a éprouvés, il y a peu d'années, et qui ont mis la vie de plusieurs montagnards en danger , faute de subsistances. Cependant les insulaires que nous venons de citer, recueillent avec le plus grand empressement, comme les Lapons, cette espèce de lichen , la première de toutes par son degré d'utilité. Ils la lavent soigneusement , et la laissent macérer pour la dépouiller de son amertume, après l'avoir purgée de toutes les substances étrangères nuisibles : ils la font sécher, puis moudre ; et lorsqu'ils veulent employer la farine qui en résulte, ils la mettent tremper dans l'eau pendant vingt-quatre heures, y ajoutent du lait, et en forment par la coction une bouillie qu'ils mangent froide ; ils l'aromatisent quelquefois avec d'autres plantes, afin de rendre plus agréable cette préparation nutritive, qui abonde en fécule, et qui leur fournit un aliment salubre, d'un usage journalier, assez substantiel pour suffire à des hommes de travail. On y remarque encore que ce lichen n'est pas moins bon pour les animaux domestiques que pour l'homme, puisqu'il nourrit très-bien et engraisse même les porcs, les bœufs et les chevaux.

Cette plante précieuse pour les climats rigoureux où elle se plaît ; qui a sauvé la vie à plusieurs botanistes Suédois manquant de toute autre ressource, lesquels, d'après Murrai, en ont vécu presque exclusivement pendant quatorze jours ; qui a suggéré aux savans Westring et Berzelius le moyen de la dépouiller complètement de son principe amer, par l'emploi du carbonate de potasse ; cette plante dont Proust a cru devoir recommander la culture, comme pouvant fournir une provision avantageuse pour l'équipage des vaisseaux, et au

K *

peuple un aliment salubre et peu cher , mériteroit au moins qu'on y eût recours parmi nous dans les montagnes, où elle croît abondamment, afin d'échapper aux horreurs de la disette qui s'y fait sentir plus souvent et plus fortement que par-tout ailleurs. Ce moyen de subsistance vaudroit bien mieux , selon nous , que celui qui porte les malheureux habitans à dégrader les montagnes, comme nous l'avons vu, en dépouillant inconsidérément leurs pentes rapides, des plantations et des herbages dont elles ont besoin pour conserver leur couche végétale ; et cela dans l'intention d'arracher au sol quelques chétives récoltes de céréales, qui ne les dédommagent qu'imparfaitement de leurs sacrifices, de leurs fatigues et de leurs dangers.

Ajoutons que quelques autres espèces de lichen de cette nature pourroient encore nous rendre le même service ; car plusieurs peuples nomades de la Russie asiatique se nourrissent également du lichen esculent, comme les Groënlandais le font de celui qui porte le nom de leur pays ; et toutes les fois qu'il s'agit de prévenir les maux affreux de la famine, aucune recherche, aucune précaution , ne peu paroître minutieuse ni déplacée.

On recueille en grand, au mont Mézen, les fleurs de la variété violette du *viola grandiflora*, comme l'observe M. Decandolle, qui a visité cette montagne, le pays qui nous occupe, toute la France et les pays circonvoisins, avec autant de fruit que de savoir : on a porté, pendant plusieurs années, jusqu'à quinze cents kilogrammes, à la foire de Beaucaire, de ces fleurs sèches, qu'on y vendoit en général un franc le kilogramme, et qu'on dit y avoir été payées jusqu'à 3 francs, sous le nom de *violettes du mont Mézen.*

Nous en avons trouvé les prairies et les pâturages émaillés, au Mont-Dor, au Puy-de-Dôme, comme au Cantal, et nous n'avons appris nulle part qu'on en tirât le même parti qu'au mont Mézen.

Le méum athamante, qui abonde aussi sur toutes ces montagnes, et qui en parfume les pâturages, se recueille également, sous le nom de *cistre,* sur la dernière, pour la pharmacie. Cette plante, dont la racine très-aromatique, ainsi que celle de la plupart des plantes ombellifères, est encore propre à rehausser la saveur et l'odeur des alimens peu sapides et odorans, et qui pourroit rendre sur-tout ce service au lichen d'Islande, nous a paru être ici entièrement abandonnée aux bestiaux, qui l'appètent et dont elle améliore les produits.

Le cucubale béhen, qui ne se présente guère, à la vérité, que dans les terres cultivées des plaines, sert encore de plante potagère au mont Mézen, sous le nom de *crésabous,* et nous n'avons

pas entendu dire qu'on l'employât ici au même
usage.

La plante appelée vulgairement *le bon-henri [che-
nopodium bonus-henricus ]*, laquelle a le mérite de
rappeler tout-à-la-fois le nom et la qualité domi-
nante d'un prince devenu depuis long-temps l'idole
de tous les Français, et qui doit être cher sur-
tout aux cultivateurs, qu'il affectionnoit, est recueillie soigneusement par les habitans des Pyrénées et des Alpes, qui la mangent comme plante
potagère, et lui trouvent la saveur de l'épinard.
Nous l'avons vue ici assez abondante sur plusieurs
points, particulièrement au bas de la roche Vendeix, et l'on nous a paru ignorer le parti avantageux qu'on pouvoit en tirer sous ce rapport.

Nous indiquerons aussi, pour le même objet, la
raiponce en épi *[ phyteuma spicata ]*, recueillie sur
les Alpes; et la patience des Alpes *[rumex alpinus ]*,
qui abonde encore sur ces montagnes, et dont
les Russes mangent en potage les pétioles : nous
avons vu en outre plusieurs Alpicoles en engraisser
leurs porcs.

Nous avons recueilli, en fort peu de temps, dans
les prairies du village des Bains, au moment même
où on les fauchoit, et sans nuire à l'herbe, une
assez forte quantité de graines de grande bistorte,
pour penser que cette plante, dont la racine est

encore employée à la nourriture de l'homme dans le nord, comme nous l'avons vu, pourroit aussi fournir par ses semences quelque ressource dans les années de disette les plus difficiles à traverser sans danger dans les montagnes; et, nous le répétons, rien n'est à négliger dans ce cas.

Enfin, les aigrettes soyeuses de plusieurs espèces d'ériophores pourroient peut-être y fournir, comme dans le nord, quelques matériaux utiles aux manufactures, et procurer par-là un soulagement aux malheureux, qui recueilleroient cette substance fort abondante dans plusieurs localités aquatiques, et qui devient parfois nuisible aux bestiaux.

Parmi les nouvelles plantes dont la culture seroit susceptible d'être introduite avec avantage sur ces montagnes, nous nous bornerons à indiquer la navette d'été et le topinambour.

La première, qui parcourt quelquefois le cercle entier de sa végétation en quarante jours, et qu'on a surnommée *quarantaine* à cause de ce mérite, n'exige guère que deux mois ordinairement pour compléter la maturité de ses semences oléifères, si utiles sur les montagnes de l'Eiffel, d'après l'intéressant rapport que nous en a fait M. le comte Lezai de Marnésia, dont cette contrée déplorera long-temps la perte. Cette plante pourroit, selon toutes les probabilités, rendre ici le même service pour l'huile comestible, et remplacer le noyer, que la nature refuse à ce climat rigoureux, où nous avons vu qu'on avoit, à cause de son utilité pour les usages culinaires, tenté, mais en vain, de le naturaliser.

L'hélianthe tubéreux, désigné vulgairement sous le nom de topinambour, contribue à la subsistance des habitans des Vosges, du Jura, des Pyrénées et des Apennins, ainsi qu'à celle de leurs bestiaux; il résiste à une grande intensité de froid : nous nous sommes assurés, il y a long-temps, que la gelée ne désorganisoit pas ses tubercules, comme elle le fait de ceux de la pomme de terre. Le topinambour, dont les tiges ligneuses et vigou-reuses peuvent encore servir de combustible, pro-met également de devenir fort utile à ces mon-tagnes.

Avant de passer à un autre objet, nous avouerons combien nous sommes loin de nous persuader d'avoir épuisé la matière, que nous avons à peine effleurée, sur cette branche importante des res-sources locales, trop négligée presque par-tout, et sur laquelle nous espérons être un jour en état d'offrir des données générales, étendues à toute la France. Nous devons l'abandonner cependant, après ces indications incomplètes, pour en traiter un autre qui n'a pas moins attiré notre attention, et qui la réclame maintenant : nous voulons parler des prairies artificielles.

La multiplication de ces prairies est d'un haut intérêt pour la France ; et cependant elles y sont en général dédaignées ou mal entretenues.

Si nous exceptons celles que nous avons examinées avec une grande satisfaction sur la propriété de Rendane, et qui ne peuvent manquer de contribuer de la manière la plus directe aux succès de ce grand établissement rural, nous avons à peine aperçu ailleurs, dans la partie élevée du département, quelques traces de cette pratique si recommandable. Un grand nombre de cultivateurs ignorent même jusqu'au nom des prairies artificielles ; plusieurs, parmi les plus instruits, paroissent croire que le sol et le climat ne peuvent les comporter, et qu'on essaieroit en vain de les y introduire.

Néanmoins, le trèfle commun des prés, le trèfle rampant, la luzerne faucille et la luzerne lupuline, la pimprenelle et plusieurs autres plantes excellentes, croissant spontanément ici, comme sur les Alpes, mêlées en diverses proportions à des plantes nuisibles, inutiles ou de peu de valeur, font souvent, comme nous l'avons reconnu, la base des meilleures prairies et des meilleurs pâturages, à une hauteur assez élevée.

Le sainfoin commun , plus rustique encore que toutes ces plantes, et végétant sur les sols les plus ingrats, se trouve naturellement, avec d'autres espèces de ce genre, à une élévation bien plus considérable : il y donne une grande leçon à l'économe rural, s'il vouloit en profiter. Que manque-t-il donc ici pour adopter les prairies artificielles ? Nous ne craignons pas de le dire, rien autre chose que l'instruction et la volonté.

Mais, dira-t-on peut-être, à quoi serviroient ces prairies, quand la terre se couvre par-tout d'elle-même de moyens de subsistance pour les bestiaux ! Nous répondrions à cette question, si elle pouvoit nous être faite aujourd'hui que l'opinion commence à être plus éclairée à cet égard, que les prairies et les pâturages naturels peuvent bien enrichir quelques propriétaires, en excitant leur industrie, et qu'ils ne contribuent que bien foiblement à la prospérité générale des campagnes.

En effet, en abandonnant ainsi les terres à la nature, comme le font les peuples nomades, elles produisent généralement peu, toutes les fois qu'elles ne sont pas très-fertiles d'elles-mêmes; leur produit varié est quelquefois plus nuisible qu'utile aux bestiaux, comme de nombreux exemples l'attestent ; et, en outre, les engrais, indispensables presque par-tout pour obtenir d'abondantes productions , sont perdus pour l'agriculture ; circonstance qui établiroit seule une différence immense entre les prairies naturelles et artificielles, si d'autres, d'une influence très-marquée, ne l'augmentoient pas encore. Tout milite donc ici en faveur de l'adoption de ces prairies, par-tout où elle est praticable; et elle l'est incontestablement sur un grand nombre de points, dans les pays montueux comme dans les plaines. Ainsi, quand l'habitant de la montagne voudra s'occuper sérieusement de les introduire avec toutes les précautions convenables, il pourra doubler, au moins, la quantité de ses bestiaux, et en améliorer considérablement la qualité, sans craindre de les voir exposés à périr de besoin, à la fin de l'hiver, comme cela n'arrive que trop souvent.

Toutefois nous remplirions bien imparfaitement la tâche que nous nous sommes imposée, si nous nous bornions à recommander l'adoption des prairies artificielles pour cette seule contrée, et si nous ne saisissions avec empressement cette occasion pour essayer de faire sentir combien elle peut devenir utile ailleurs, et quels services importans elle doit rendre encore à la majeure partie du territoire français.

Maintenant que nous sommes parvenus à visiter avec attention la totalité de nos départemens, en les examinant successivement sous les rapports ruraux qui nous ont paru les plus capables d'influer sur la prospérité publique, nous pouvons avancer avec certitude, en attendant que nous le démontrions par un grand nombre de faits authentiques, avec quelle force et quelle rapidité ces prairies ont déjà contribué à cette prospérité, lorsqu'elles ont été convenablement établies ; mais qu'elles manquent presque par-tout à une vaste étendue de terres ingrates qu'elles amélioreroient promptement, et même à des terres fertiles dont elles accroîtroient considérablement la valeur.

Si ces cultures suffisent réellement seules pour amener la révolution la plus heureuse dans le système agricole de tous les pays qui les adoptent, comme aucun cultivateur instruit n'en peut douter, qui a donc pu s'opposer jusqu'à présent à leur adoption sur la grande surface où elles manquent entièrement, ainsi qu'à leur extension dans les pays qui en jouissent déjà ! Il faut le dire sans hésiter, c'est un fatal préjugé qui règne dans beaucoup de campagnes, et que partagent encore des hommes d'ailleurs assez éclairés. Examinons ce préjugé.

On est persuadé, sur un grand nombre de points, que les prairies artificielles nuisent essentiellement à la production des céréales, en occupant des terrains qui leur seroient consacrés. Nous l'avouerons

franchement, nous sommes pleinement convaincus,
au contraire, et nous desirons avec ardeur pouvoir en
convaincre toutes les personnes qui ont encore besoin de l'être, qu'elles produisent, lorsqu'elles sont
bien établies, un effet diamétralement opposé à
celui qu'on leur suppose si gratuitement; car nous
sommes certains que le moyen le plus sûr, le plus
court, le plus économique, de se procurer par-tout
une abondante production de grains de première
qualité, consiste dans l'établissement des prairies
artificielles judicieusement alternées avec d'autres
cultures.

Quelque paradoxale que puisse paroître cette assertion à plusieurs personnes fortement imbues du
préjugé que nous cherchons ici à combattre, elle
n'en est pas moins, suivant nous, susceptible d'une
démonstration rigoureuse, et nous allons essayer de
la donner.

Tout le monde convient qu'en général, pour
obtenir de riches produits en céréales, il est in-
dispensable de se procurer en abondance de bons
engrais : on est également d'accord que les fumiers
formant la plus grande masse des engrais auxquels
on a ordinairement recours par-tout, il est impos-
sible de les obtenir comme on le desire sans de
nombreux bestiaux bien nourris ; et personne ne
doute que, pour être en état d'entretenir convena-

blement le plus grand nombre possible de ces bestiaux , il ne faille nécessairement avoir beaucoup de prairies. Or, comme les prairies et les pâturages naturels, permanens d'ailleurs par leur nature et sujets à plusieurs inconvéniens assez graves , sont, ainsi que nous l'avons déjà démontré , bien moins avantageux sous ce rapport que les prairies artificielles bien établies , il nous semble qu'il faut nécessairement en conclure qu'au lieu de nuire sous aucun rapport à la production des grains de toute espèce, ce sont elles qui y contribuent réellement de la manière la plus directe et la plus efficace, comme nous l'avons avancé.

Nous n'ignorons pas que plusieurs personnes, dont nous tairons les noms, ont été condamnées au dernier supplice, qui auroit toujours dû être réservé exclusivement parmi nous pour le crime , parce qu'on les avoit accusées d'avoir cherché à amener la famine en France , en établissant des prairies artificielles sur des terres à blé; nous ne pouvons oublier non plus que nous avons été nous-mêmes accusés d'avoir eu cette intention, parce que nous avions substitué des prairies momentanées aux jachères pour la nourriture de nos bestiaux : mais, malgré l'atrocité de ces faits, dont les premiers ont ensanglanté, comme tant d'autres, les pages de nos annales révolutionnaires, nous n'en persistons pas moins dans l'opinion que nous avons émise, que le chemin le plus court et le meilleur, sous tous les rapports, pour arriver aux céréales, est celui que présentent au cultivateur les prairies artificielles. Nous desirons de tout notre cœur que cette grande vérité puisse enfin devenir populaire parmi nous, et remplacer bientôt par-tout, avec ces prairies que les hommes instruits propageroient alors par le raisonnement et par le fait, le préjugé qui les a trop long-temps et en trop d'endroits repoussées de nos guérets.

Avant de nous reporter aux environs de Clermont, nous n'avons plus qu'une courte observation à faire sur une autre culture d'une haute importance encore; et qui nous a paru atteinte d'un vice capital; nous voulons parler de celle de la pomme de terre.

Tous les bons cultivateurs savent que, pour cette plante, comme pour le maïs, le haricot, la lentille et quelques autres, le buttage ou l'amoncellement de la terre meuble autour des tiges, à leur base, est un excellent moyen d'en augmenter le produit : cette pratique les débarrasse des plantes nuisibles qui les affament; elle facilite le développement des racines et des feuilles, par l'ameublissement de la terre et par son exposition aux influences atmosphériques ; enfin, et sur-tout, elle les préserve des fâcheux effets de la sécheresse.

Croiroit-on que, malgré cette réunion de motifs
puissans qui recommandent cette opération, nous
l'avons trouvée négligée presque par-tout ici, et
souvent même dans le long trajet que nous avons eu
à parcourir pour y arriver. A la vérité, lorsqu'elle est
faite avec des instrumens manuels, elle est longue,
pénible et dispendieuse, quoique, par l'accroissement
du produit, elle dédommage toujours amplement
le cultivateur des soins et des dépenses qu'elle
lui occasionne. Mais toutes les fois que les tubercules sont plantés régulièrement à la charrue, en
lignes droites, convenablement espacées, beaucoup moins serrées qu'elles ne le sont ici, et comme
il est facile de le faire expéditivement par-tout avec
un instrument convenable; alors cette opération
devient courte, aisée et peu coûteuse, au moyen de
la houe à cheval et de la petite herse triangulaire,
dont nous nous sommes toujours servis avec le plus
grand avantage. Ces instrumens commencent à
être assez répandus, depuis que nous les avons indiqués, décrits et fait graver à la fin du douzième
volume du *nouveau Cours complet d'agriculture;* et
ils ont beaucoup contribué à l'extension de la culture de la pomme de terre (1).

_____

(1) On peut se procurer ces utiles instrumens, qui devroient se
trouver sur toutes les exploitations rurales bien tenues, et un

Il ne nous reste plus maintenant qu'à jeter un coup-d'œil sur les environs de la ville de Clermont, bien plus intéressans, selon nous, par leur culture, que par les concrétions et les incrustations calcaires de la célèbre fontaine de Saint-Alyre; ou par le curieux puy de *la Pége* ou de *la Poix*, d'où découle une espèce de bitume glutineux connu sous le nom de *pissasphalte* ou de *poix minérale*; ou par les grains carbonisés qu'une tradition populaire fait provenir des *greniers de César*. La transition brusquement contrastée de la richesse à la pauvreté, de la parure la plus riante à la nudité la plus hideuse, qui vient y frapper, pour ainsi dire malgré lui, les regards de l'observateur, nous fit naître quelques réflexions que nous croyons utile de consigner ici.

Il est difficile de trouver un bassin plus riche et plus gracieux que celui qui entoure cette ville; soit qu'on le considère des boulevarts intérieurs ou du dehors, soit qu'on embrasse toute sa circonférence, placé, comme nous l'étions, sur le plateau de granit, en descendant du Puy-de-Dôme, à l'embranchement des routes de Limoges et de Bordeaux, et au sommet même de ce vaste amphithéâtre, garni, à différentes

grand nombre d'autres instrumens aratoires perfectionnés, à l'établissement de M. Guillaume, rue du Faubourg-Saint-Martin, n.º 97, à Paris.

L.

hauteurs, d'une manière aussi lucrative qu'elle est pittoresque, d'une grande variété de riches productions végétales.

D'après les observations de M. Ramond, dont nous retracerons les données et les expressions, auxquelles nous ajouterons celles qui nous sont propres; jusqu'à sept cents mètres d'élévation absolue, et au-dessus du noyer qui disparoît, le châtaignier, qui fuit les pierres calcaires et se confine dans les vallons inférieurs du plateau de granit ou sur les pentes des débris volcaniques, végète vigoureusement quoiqu'il soit loin d'atteindre aux gigantesques dimensions qu'il acquiert souvent dans des contrées plus méridionales, et il y fournit abondamment son fruit si utile aux pays pauvres et montueux.

A la hauteur de six cents mètres, on trouve encore la vigne, dont les pampres vigoureux couvrent une grande partie du bassin, et produisent ce vin fortement coloré, qui n'est pas, comme on l'a cru, l'*auvernat fumeux* cité par Boileau. A cette limite, le raisin mûrit mal; au-dessus, il ne mûrit plus (1).

_____

(1) Quoiqu'on trouve encore en Auvergne quelques vins estimés, ils sont bien loin de justifier les éloges que donnoit de son temps Pline le Naturaliste ( *liv. XIV , ch. 1.er* ) aux vins de ce pays, en les assimilant aux meilleurs crus des environs d'Alby, de Vienne et de la Bourgogne. Les montagnards, difficiles aujourd'hui

A la même hauteur, une petite espèce naine de cerisier s'est naturalisée sur la pente des montagnes, et s'y propage à-peu-près sans culture; elle forme des bosquets sur les laves les plus rocailleuses, sur les rochers granitiques les plus arides, et fleurit d'é-tage en étage, depuis le milieu d'avril jusqu'aux premiers jours de mai. Il est remarquable que cette espèce couvre également, dans le Jura, les terrains rocailleux qu'elle embellit et enrichit tout-à-la-fois, comme elle le fait ici.

Le pêcher en plein vent, moins délicat que l'aman-dier, croît sans soins parmi les vignes, jusqu'à cinq cents mètres. Il y fleurit à la fin de mars avec les violettes; et durant quinze jours ou trois semaines, il teint en rose tous les coteaux qui environnent Clermont.

Sur les bordures de ces utiles productions, va-riées par diverses cultures de céréales et de lé-gumes, par quelques prairies et par de nombreuses constructions rurales qui embellissent encore la scène, se rencontrent de temps en temps, avec le chèvre-feuille et le rosier, le coudrier et plusieurs espèces de groseillers et de pruniers, qui supportent une assez grande intensité de froid.

---

dans le choix qu'ils font de ce vin, ont recours, pour en reconnoître la qualité, à une épreuve qui consiste à en répandre quelques gouttes sur du linge : s'il s'épanche autour de la tache de vin une forte quantité de liquide non coloré, ils jugent alors qu'il contient de l'eau.

Au-dessous, et le plus souvent dans des enclos, au milieu des plantes potagères de toute espèce, se montrent quelquefois l'amandier et le cognassier avec le poirier, mais plus fréquemment le pommier, dont les fruits viennent en grande partie approvisionner les marchés de Paris, et l'abricotier, qui fournit cette pâte d'Auvergne si justement renommée.

Il est fâcheux d'être obligé d'ajouter que le cadre d'un aussi riche tableau se termine, vers sa partie la plus élevée, de la manière la plus misérable et la plus triste. Au lieu de plantations d'arbres conifères, dont le feuillage persistant couronneroit si agréablement et si utilement les sommets, en hiver comme en été, et y procureroit des abris si avantageux, on n'y aperçoit que d'énormes débris de rochers à nu, de laves et de basaltes sillonnés par de profonds ravins qui présentent à peine quelques foibles indices d'une végétation languissante, et qui, ne pouvant permettre d'y fixer aucune habitation, retracent toute l'horreur des déserts.

Il est permis de conjecturer que ces vastes cimes, aujourd'hui arides et décharnées, étoient couvertes de plantations et peut-être même habitées, à l'époque où les *Arvernes*, nation puissante et belliqueuse, résistèrent avec tant de gloire à la domination des Romains ; à celle encore où l'intrépide mais malheureux Vercingentorix sut balancer la fortune de

César, et ne succomba que par un excès de con-
fiance dans sa propre valeur et dans celle de ses
compagnons d'armes.

Quoi qu'il en soit de cette conjecture, que d'anciennes traditions et quelques titres paroîtroient
autoriser, deux questions se présentent naturellement à l'ami des campagnes, affligé de ce spectacle :
*Quelles causes auroient pu réduire ces rochers à cet
état fâcheux de dénudation presque absolue; et quels
moyens pourroient les rendre insensiblement à un état
moins déplorable!*

On ne peut s'empêcher d'accuser les défrichemens inconsidérés, l'opération désastreuse de l'écobuage et de l'incinération de la couche gazonneuse,
l'introduction aussi pénible que mal calculée de la
culture des céréales sur les pentes rapides, le parcours
et la vaine pâture des bestiaux, comme les causes
qui auront dû y contribuer le plus ici ; puisqu'on
remarque que par-tout ailleurs elles sont suivies des
mêmes résultats, et qu'elles font disparoître promptement les bois, les pâturages, les prairies, la
prospérité et toutes les richesses rurales, pour les
remplacer par la nudité, l'aridité des rochers, et
par la misère qui les accompagne par-tout.

L'écobuage et les défrichemens, dit avec raison
M. Baud dans son Mémoire sur le Jura, détruisent
jusqu'aux germes de la reproduction des arbres

forestiers, et laissent à nu les noyaux de roches de nos montagnes.

On pourroit citer mille autres exemples aussi frappans, même en Auvergne, où plusieurs champs ont disparu, après avoir été soumis à ces opérations désastreuses, qui ont excité plus d'une fois les plaintes stériles des propriétaires et des administrateurs.

Le remède le plus probable qui se présente aussi à l'esprit, consiste dans les semis et les plantations d'arbres, arbrisseaux et arbustes les plus appropriés à la nature du sol et du climat, et dans la proscription rigoureuse de toute espèce de défrichement, d'écobuage, d'incinération, de parcours et de dépaissance.

Il est sur-tout une plante dont nous avons déjà eu l'occasion de faire sentir tout le prix, et que nous devons de nouveau recommander particulièrement ici. On a sans doute pressenti que nous voulions parler du genêt commun. Dans le Cantal comme dans les Alpes, les Vosges, le Jura, les Cevennes et ailleurs, de nombreux exemples nous ont attesté qu'il étoit le meilleur abri qu'on pût procurer aux semis naturels ou artificiels d'arbres forestiers, et qu'ils s'élevoient rapidement sous son ombrage protecteur.

Qu'on en répande donc les graines dans toutes les fentes, dans tous les interstices des rochers qui conservent encore un peu d'*humus* et de fraîcheur ; qu'on y dépose en même temps des semences d'arbres précieux ; qu'on en bannisse sévèrement toute espéce de bestiaux ; et bientôt on verra une utile verdure remplacer une affreuse nudité , et des arbres élevés cacher toutes les aspérités, en abritant, en embellissant, en enrichissant encore le bassin si productif qui a fixé quelques instans notre attention.

En le quittant, nous avons traversé pour la sixième fois la fertile Limagne, dont les sites agréables font oublier, comme le dit Sidoine Apollinaire , la terre natale au voyageur qui la traverse ; où de nombreux ruisseaux serpentent dans tous les sens, et, abreuvant de leurs eaux limpides ses magnifiques prés-vergers, donnent à leur verdure une fraîcheur et une jeunesse perpétuelles, qui en font le plus beau jardin de paysage qu'on puisse imaginer, et qui ont fait appeler à juste titre cette nouvelle *Tempé*, sortie de dessous les eaux comme celle de Thessalie, le *paradis de l'Auvergne*.

Nous ne s sommes séparés à regret de ses riches cultures de fromens variés, de chanvre renommé, de feveroles d'hiver très-vigoureuses , de diverses autres légumineuses qui ne le sont pas moins, de raves bien précieuses, de pommes de terre, très-mal plantées à la vérité, comme le dit avec raison M. Ramond , mais plantées au moins en abondance, de vignes qui sont ici souvent déplacées, à côté de quelques jachères qu'on y aperçoit aussi, malgré l'assertion contraire d'Arthur Young, et qu'on ne devroit pas s'attendre à y trouver encore, au milieu des potagers étendus et très-productifs, des pépinières en tout genre, des arbres fruitiers de toute espèce, et sur-tout des superbes noyers greffés, qui décorent et enrichissent par-tout ses grandes routes, comme les saules et les peupliers ombragent les rives de ses nombreux canaux d'irrigation (1).

Nous aurons l'occasion de nous étendre un jour sur ce que nous y avons remarqué de plus intéressant, en développant de plus en plus les renseignemens que nous nous proposons de publier successivement sur la statistique agricole de la France. Maintenant que nous sommes parvenus à réaliser le projet, formé depuis long-temps, de visiter en observateur rural la totalité de nos départemens, ainsi qu'une grande partie de l'Italie, de la Suisse et de l'Angleterre, ayant eu l'avantage d'être chargés de plusieurs missions qui avoient

---

(1) Il est probable que la touffe d'escourgeon ou orge d'hiver, provenant d'un seul grain, que le Grand d'Aussy dit avoir vue à Clermont, et qui avoit produit deux cent quarante-quatre épis et plus de quatorze mille grains, avoit été recueillie dans cette contrée, la mère nourricière de l'Auvergne, et qui nous a rappelé la *Campania felice* des environs de Naples.

uniquement l'agriculture pour objet ; nous allons nous occuper de réunir les nombreux matériaux que nous avons recueillis, et essayer de les faire servir à l'amélioration de notre économie rurale.

Mais nous devons en ce moment, pour donner une légère idée de notre travail à cet égard, tracer rapidement les notions que nous nous sommes procurées sur l'important objet des irrigations, que nous avons trouvées généralement bien entendues en Auvergne, comme dans quelques autres provinces : elles nous paroissent mériter, avec les prairies, par leur importance, le premier rang parmi les améliorations agricoles ; et elles doivent enrichir encore une grande étendue de notre territoire.

# TROISIÈME PARTIE.

## EXTRAITS

### D'OBSERVATIONS SUR LES IRRIGATIONS;

*Faites en France, en Italie, en Suisse, en Angleterre; et qui tendent à prouver, non-seulement leur importance, mais aussi la possibilité de leur introduction avec beaucoup d'avantage sur un très-grand nombre de points de notre territoire.*

O N peut partager la France en trois grandes divisions, lorsqu'on la considère sous l'intéressant point de vue des irrigations.

En examinant successivement nos anciennes provinces, qu'il nous paroît convenable de rappeler ici pour cet objet, afin de le simplifier, nous voyons qu'il existe fort peu d'irrigations établies en Flandre, en Artois, en Picardie, en Normandie, en Bretagne, dans l'Ile-de-France; non plus que dans l'Orléanais,

la Touraine, l'Anjou, le Maine, le Berry, le Nivernais, la Bourgogne et la Guyenne.

Elles nous ont paru plus répandues dans la Lorraine, l'Alsace, la Franche-Comté et la Champagne;
comme aussi dans la Bresse, le Bugey, le Lyon-
nais, le Bourbonnais, le Périgord, l'Aunis, la
Saintonge, la Marche et l'Angoumois.

Celles de nos anciennes provinces où nous les
avons trouvées le plus répandues et le mieux entendues, sont le Limousin, l'Auvergne, le Dauphiné, le Velai et le Vivarais, la Gascogne, le
Béarn, le comté de Foix et le Roussillon, le comtat Vénaissin, la principauté d'Orange, le Languedoc et la Provence.

Elles pourroient devenir fort utiles, sur un très-
grand nombre de points, dans la première de ces
trois grandes divisions, où elles sont si rares. Elles
y seroient souvent très-praticables; et l'on a tort
de penser qu'elles ne sont réellement bien avantageuses que dans les pays chauds, où elles deviennent, à la vérité, généralement indispensables pour
obtenir d'abondans produits agricoles. Elles peuvent
aussi s'établir avec beaucoup de profit dans le nord,
comme le démontrent plusieurs exemples frappans,
en Belgique, en Allemagne, en Hollande, en Angleterre, et même en France, et ainsi que l'avoit
déjà présumé M. Desmarest, il y a long-temps,

d'après un essai heureux dont il avoit été témoin en Champagne (1).

Nous avons eu occasion d'en voir une assez étendue, introduite près de Beauvais, sur un domaine cultivé jadis par un de nos parens, dans une prairie dont la quantité comme la qualité du foin avoient été fort augmentées par ce moyen peu dispendieux, ainsi que cela avoit eu lieu sur quelques autres points dans les environs ; et M. le duc de la Rochefoucauld a fait également, à sa belle terre de Liancourt près Clermont, un essai dans ce genre, qui a été couronné du plus grand succès.

Nous avons aussi remarqué quelques irrigations bien entendues dans les départemens de Seine-et-Oise et de Seine-et-Marne.

Nous avons encore admiré, avec d'autres personnes, le parti avantageux que notre célèbre cultivateur Cretté de Palluel avoit su tirer des eaux surabondantes qui couvroient ses propriétés à Dugny près Paris, en s'occupant tout à-la-fois des dessèchemens et des irrigations, deux opérations simultanées, souvent très-praticables et toujours très-utiles ; et nous sommes parvenus nous-mêmes à améliorer considérablement une île assez étendue, en face de l'ancien

---

(1) *Voyez* le trimestre d'hiver, 1786, *page 210*, des *Mémoires de la Société royale d'agriculture de Paris.*

château de Choisy-le-Roi, par des retenues d'eau et des attérissemens faits à propos.

Il nous paroît facile de tirer parti, aussi, dans un grand nombre de circonstances, des *puits artésiens* pour les irrigations; et nous avons toujours été surpris qu'on n'eût pas songé, parmi nous, à les appliquer en grand à cet excellent usage.

Nous avons observé également quelques irrigations entre Saint-Lô et Rennes, ainsi que dans les environs de Guingamp en Bretagne, où l'on trouve qu'elles rendent l'herbe peu substantielle, probablement parce qu'elles y sont mal dirigées.

Il en existe aussi quelques-unes peu étendues dans les environs de Falaise, de Bernai, de Neufchâtel et d'Alençon en Normandie, où il seroit trèsfacile de les multiplier.

Mais ce que nous avons trouvé de plus remarquable à cet égard, au nord même de la France, ce sont les prairies connues sous la dénomination de *prés flottis*, qui bordent les rives de la Lianne et de la Canche, dans le Boulonnais, et sur lesquelles on dérive, avec le plus grand succès, l'eau de ces rivières. Nous sommes également instruits que, dans les vallées de Wimereux et de la Slacq, ainsi que dans le voisinage des canaux des cantons de Calais et de Guines, où les pâturages sont abondans et fournissent à la nourriture de nombreux bestiaux, l'emploi de ce moyen a reçu une grande extension. Nous savons encore que, depuis plusieurs années, des écluses, des digues, des *watergands*, et des fossés, ont été employés à cet effet par plusieurs des propriétaires ruraux fort instruits qu'on trouve dans cette partie du territoire français.

Nous venons aussi d'être informés par M. Dumetz, notre neveu, cultivateur distingué du département du Pas-de-Calais, nommé expert par son Exc. le Ministre de l'intérieur pour le desséchement des marais de la vallée de l'Authie, qu'on va profiter de ce grand desséchement de trois mille trois cent soixante-dix hectares, pour établir, au moyen d'écluses et de vannes multipliées, un système complet d'irrigations sur la majeure partie des terres qui seront ainsi rendues à l'agriculture, et sur lesqu'elles on pourra introduire à volonté l'eau de la mer pour former des *prés salés*, et l'eau de la rivière de l'Authie pour abreuver momentanément toutes les portions qui en auront besoin..

Il nous paroît hors de doute, d'après ces exemples remarquables, qu'il seroit facile d'obtenir des résultats fort avantageux des irrigations, dans un grand nombre de cantons de la partie septentrionale et occidentale de la France ; et ces résultats pourroient devenir plus avantageux encore en avançant vers le midi.

L'Orléanais, la Touraine, le Maine et l'Anjou, ont beaucoup de ruisseaux dont ces provinces ne tirent qu'un bien foible parti sous cet important rapport.

Il n'existe point d'irrigations dans les Landes de la Gascogne, si ce n'est près de Mont-de-Marsan, et elles seroient au moins praticables sur plusieurs points, dans les environs de Dax et de Tartas.

Nous en avons remarqué une sur la belle propriété de M. Lafond, dans les environs de Pouilly, et quelques-unes près de Chinon, dans le Morvant, qui prouvent ce qu'on pourroit faire à cet égard sur d'autres points du Nivernais.

Le Berry est dans le même cas, quoiqu'on en observe d'assez belles près du Cher, dans la sous-préfecture de Sancerre ; quoiqu'on en remarque également qui sont fort utiles dans la Brênne, dans le département de l'Indre; et que M. le comte Chabrol de Volvic, préfet du département de la Seine, en ait introduit aussi, avec beaucoup de succès, sur le domaine dont il est parvenu à doubler les produits, près de Bourges.

La grande entreprise de M. le duc de Raguse, à sa magnifique terre de Châtillon-sur-Seine, dont il dirige lui-même les nombreuses améliorations avec autant de zèle que de connoissances, démontre de même tous les avantages que la Bourgogne pourroit

retirer de ce précieux objet d'économie rurale : on
en trouve encore un grand exemple dans les environs
de Joigny, où l'étang de Sépaux arrose une vaste
prairie qui ne pourroit exister sans ce moyen.

A l'égard de notre seconde division, il s'en faut
bien que la Franche-Comté, la Lorraine, et même
l'Alsace, aient encore profité de toutes les sources
nombreuses et des pentes favorables qui y rendroient
ce genre d'amélioration si facile et si utile sur les
montagnes, souvent nulles ou foibles en produits,
faute d'irrigations.

Nous en avons cependant trouvé de fort belles et
de bien dirigées, mais beaucoup trop rares, dans les
environs de Luxeuil, dans la Haute-Marne, sur tout
près de Vaucouleurs, dans les Vosges où les prés
qu'elles rafraîchissent ont une très-grande valeur;
dans le Jura, où ils ne sont pas moins précieux;
comme aussi sur quelques montagnes du Forez. Il en
existe également d'assez étendues dans les environs de Vichy, à Montmarault, département de
l'Allier, et sur quelques autres points du Bourbonnais. On y remarque particulièrement celles que
M. de Combes de Morelles a établies avec tant d'art
sur sa propriété, dans l'arrondissement de Gannat,
et que la société royale et centrale d'agriculture a distinguées par des encouragemens, ainsi que celles
qui ont été formées par M. de Thiville, dans la

département du Loiret, par M. Barbançois, dans celui de l'Indre, et par M. Rattier, dans celui de Loir-et-Cher. Nous en avons vu aussi plusieurs alimentées par les étangs de la Bresse, où l'on trouve que les eaux réservées sont très-fertilisantes et très-utiles dans les temps de sécheresse, pour suppléer aux sources ; et le Bugey nous en a encore offert d'assez intéressantes, sur plusieurs points.

Nous avons remarqué, dans le pays de Gex, qu'on formoit souvent des rigoles dans les prairies, avec une espèce de binette, derrière le tranchant de laquelle étoit un pic qui servoit à couper le gazon dans des lignes préalablement tracées au cordeau d'après les pentes ; et nous y avons vu une charrue imaginée par un cultivateur intelligent, nommé Nicaud, laquelle étoit garnie d'un soc placé entre deux coutres, qui coupoit le gazon régulièrement et très-expéditivement.

Dans les départemens de Loir-et-Cher, du Loiret et du Cher, qui comprennent la Sologne, on a reconnu que les irrigations sont essentiellement utiles pour former ce qu'on y appelle des *prés-hauts.*

Dans quelques-uns des marais desséchés près des rives de la Charente, sur lesquels M. Chassiron nous a donné des renseignemens si intéressans, la fertilité de la terre est souvent entretenue par une multitude de coupures et de canaux qui l'humectent.

M

On a su profiter adroitement des eaux superflues, en y établissant des irrigations par infiltration, au moyen de retenues ménagées avec art, et de la sinuosité des canaux. On trouve également quelques bonnes irrigations dans la Marche. Mais dans cette division, comme dans la précédente, cet agent efficace de reproduction n'a encore obtenu nulle part, à beaucoup près, toute l'extension desirable.

Quant à la dernière division, il lui reste aussi beaucoup d'améliorations importantes à faire sous ce rapport essentiel à son économie rurale, malgré les nombreuses entreprises particulières et même générales qu'on y admire, telles que les magnifiques canaux ou aqueducs de Crapone, de Boisgelin, de Crillon, qui, en attestant, comme le canal des Herbeys, dans le département des Hautes-Alpes, le patriotisme et les lumières des hommes célèbres dont ils portent le nom parce qu'on leur en doit le bienfait, ont converti d'anciens déserts en campagnes riantes et très-productives.

L'abondance et l'excellence des prairies et des pâturages du Limousin, ainsi que la richesse de ses bestiaux, sont dues en grande partie aux irrigations, lesquelles y sont très-multipliées et très-soignées sur plusieurs points, particulièrement dans les portions les plus élevées, qui en ont le plus besoin. Nous y avons vu employer, pour creuser les rigoles, un instrument tranchant et solide, en forme de fer de faulx, surmonté d'un manche avec lequel il faisoit équerre, et au moyen duquel on les traçoit assez expéditivement en frappant dessus; mais, faute de donner un écoulement suffisant aux eaux, et d'établir des fossés souterrains garnis de fascinages ou de cailloutages jusqu'à une certaine hauteur, les joncs, les laîches et autre plantes aquatiques couvrent souvent dans la plaine les parties basses des prairies inondées. On y a recours, non-seulement aux eaux de sources, qui sont abondantes, mais on y détourne aussi avec fruit celles de plusieurs rivières.

L'Auvergne est encore redevable de la plus belle et de la plus riche partie de son agriculture, à la sage administration des eaux fertilisantes qui la couvrent momentanément sur un grand nombre de points.

La Limagne doit autant, si elle ne doit pas plus, son étonnante fertilité aux irrigations qu'à son heureuse position et à la nature de son sol, exhaussé, pour ainsi dire, chaque année, par les riches dépôts des eaux qu'on sait y diriger avec beaucoup d'art. Cet effet est si apparent, qu'on y découvrit, il y a quelques années, un ancien chemin enfoui sous près de soixante-dix centimètres de terre végétale déposée par les eaux. Aussi, ses prairies, souvent bordées d'une double rangée de saules ou de peupliers rapprochés comme dans le Lodesan en Italie, quelque-

M *

fois même plantées dans l'intérieur en arbres fruitiers d'espèces et de variétés choisies, qui en font de riches prés-vergers produisant plusieurs coupes d'excellent foin, sont-elles mises avec raison au rang des terres qui ont parmi nous la plus grande valeur vénale et locative.

Dans celles des montagnes environnantes qui sont susceptibles de retenir l'eau à la surface du sol ( car toutes ne le sont pas, à beaucoup près, surtout dans la partie, fort étendue, couverte de pozzolane qui la laisse filtrer promptement ), il est peu de sources, même parmi les plus abondantes, qui forment des ruisseaux considérables en été, parce qu'on les saigne adroitement pour arroser, presque par-tout sur leur route; elles se trouvent ainsi épuisées à mesure qu'elles avancent, et elles sont bientôt absorbées entièrement. Il est cependant encore quelques prairies hautes et quelques pâturages dont on pourroit augmenter considérablement les produits par ce moyen, en dirigeant convenablement les eaux qui les traversent ou qui les avoisinent.

Dans la vallée des Bains, aux Monts-Dor, nous avons vu tout récemment de riches prairies, couvertes d'irrigations, fournir en plusieurs coupes une immense quantité d'excellent foin; et des canaux souterrains, remplis de cailloutages, assainir les portions les plus basses. Nous avons vu aussi l'eau y déposer souvent un sédiment ferrugineux couvert d'une pellicule irisée, sans que la végétation en fût altérée en aucune manière ; ce qui prouveroit peut-être que, contre l'opinion assez généralement répandue, des eaux qui tiennent en dissolution ou en suspension des parties ferrugineuses, n'en sont pas pour cela moins propres aux irrigations, dans quelques circonstances (1).

On voit encore, près de Clermont, les restes d'un aqueduc très-dégradé, construit par les Romains, et dont les eaux, jadis utiles à cette capitale et aujourd'hui répandues dans les environs, ont fait naître dans un des cantons les plus stériles et les plus horribles du royaume, au milieu des arides débris des volcans, une suite de belles prairies qu'elles arrosent.

Les montagnes du Cantal doivent également une grande partie de leurs richesses à une judicieuse distribution des eaux qui y abondent presque partout. Non-seulement on y détourne fréquemment celle des ruisseaux, qu'on tient élevée le plus qu'il

_____

(1) Notre confrère M. Dulong, professeur de chimie et de physique à l'école royale d'Alfort, ayant analysé ce sédiment ferrugineux que nous l'avions prié d'examiner, y a trouvé beaucoup d'oxide de fer, mêlé à une quantité assez considérable de mica.

est possible, pour la répandre sur une grande surface; mais nous avons vu aussi avec intérêt former sur plusieurs points des réservoirs, et en améliorer souvent le contenu, au moyen des engrais et des amendemens qu'on y ajoutoit, pour le déverser ensuite de la manière la plus profitable sur les prairies, à mesure des besoins, en variant chaque année les rigoles, afin de fertiliser et d'amender successivement ainsi la totalité des herbages.

Les champs généralement très - circonscrits, et souvent créés par l'art, qu'on aperçoit avec autant de surprise que d'admiration sur les pentes rapides des montagnes du Velay et du Vivarais, au milieu des rochers arides et des débris volcaniques qui s'y font remarquer en un grand nombre d'endroits, ne sont redevables de l'étonnante fertilité dont ils jouissent souvent, qu'aux filets d'eau que l'industrieux colon sait y introduire, y ménager et y diriger soigneusement, en suivant l'exemple que le patriarche de notre agriculture, Olivier de Serres, a donné à ces contrées, il y a plusieurs siècles.

Le Dauphiné présente aussi, près du sombre cours de l'Isère et le long de ceux de la Drôme et du Rhône, ainsi que dans ses hautes montagnes, de nombreux et frappans exemples de l'importance des irrigations pour la prospérité agricole; elles y ont triplé le produit des terres, dans plusieurs cantons.

Dans les environs de Grenoble, les prés naturels sont fauchés jusqu'à trois et quelquefois même quatre fois; et l'on y observe que l'eau de source gèle moins en hiver que celle des rivières, à laquelle on la préfère souvent.

Nous y avons vu faire usage d'une charrue à l'aide de laquelle on ouvre des rigoles comme dans le Bugey, pour l'arrosage des prairies, et aussi promptement que des charrues ordinaires tracent des sillons : cette utile invention y étoit attribuée à M. Belmont, propriétaire rural fort intelligent.

Les rives de la Drôme, dans les environs de Die et de Crest, présentent de nombreuses dérivations adroitement faites, et dont les eaux, en circulant avantageusement sur les territoires arides de ces communes, fertilisent par-tout les sols ingrats qu'elles recouvrent. On y admire sur-tout la riche exploitation rurale que notre ami M. Rigaud de l'Ile a su y créer par une savante industrie bien digne d'imitation, et qu'il étend encore tous les jours.

Les environs de Montélimart offrent également plusieurs preuves remarquables de l'efficacité des eaux d'arrosage pour l'amendement des terres, sur-tout en les réunissant aux engrais; et des prairies qu'on y fauche aussi trois et quatre fois chaque année, et qui servent en outre de pâturage en hiver aux bêtes à laine, y ont obtenu, par la réunion de ces deux

puissans moyens, une valeur locative fort extraordinaire.

Mais c'est sur-tout dans l'âpre département des
Hautes-Alpes, où la terre cultivable est si rare, si
ingrate et si chère, et où l'on a fait de si grands
sacrifices en frais de défrichement, de digues et de
desséchement, que les irrigations nous ont paru
hardies, ingénieuses, et dignes des plus grands
éloges : tant l'impérieuse nécessité a de pouvoir sur
l'esprit des hommes qui s'y trouvent soumis, et
qui ne peuvent attendre de secours que de leur
industrie !

On voit dans le Briançonnais les femmes et les
vieillards occupés à placer d'espace en espace un
disque de fer, qui arrête le cours de l'eau et la force
à déborder sur les prairies de l'Arche, près du col de
la Madeleine. On admire aussi, dans cet arrondissement, les mesures de police et d'administration qui
préparent les irrigations, et assurent les propriétés
respectives des intéressés. On y voit mesurer le volume
de l'eau, d'après le nombre d'heures pendant lesquelles
chacun a le droit de la recevoir sur son terrain; et
les propriétaires y nommer tour à tour un syndic
chargé de la répartir et d'en diriger la distribution, de
la manière la plus régulière et la plus profitable.

D'après l'intéressant tableau que M. Farnaud,
ancien secrétaire général de la préfecture, a dressé,

en 1811, de tous les canaux d'arrosage, tant communaux que particuliers, creusés alors dans ce département, il en existoit, dans les arrondissemens de Gap, d'Embrun et de Briançon, sept cent quarante-quatre, alimentés par un grand nombre de torrens, rivières, lacs, sources ou fontaines, ayant une longueur considérable, sur une largeur moyenne d'un mètre environ. Ils couvrent cent trente-deux mille quarante-six hectares de terrain, sur cinq cent cinquante mille auxquels sa surface totale, en grande partie couverte de bois, est évaluée, c'est-à-dire, plus du cinquième d'un département dont près des deux tiers sont d'ailleurs occupés par les montagnes, les ravins, les routes, et par conséquent improductifs, comme l'observe avec raison M. Farnaud. Plus de la moitié de ces canaux ont été construits depuis cinquante ans, outre deux cent dix-neuf digues fort étendues, préservant plus de trois mille hectares contre les ravages des torrens ; et l'on remarque que le terme moyen du produit d'une propriété arrosée, comparé au produit de celle qui ne l'est pas, y est dans le rapport de trois à deux.

On admire principalement, dans ces utiles et nombreuses entreprises, souvent dispendieuses, à la vérité, mais toujours très-lucratives, le percement des rochers, le jeu des mines, les murs de soutenement, le transport des terres, les nombreux déblais et remblais : on admire par-dessus tout les ponts-aqueducs qui, en traversant les gorges, les précipices et les vallons, portent au loin la fertilité sur des terrains que la nature sembloit avoir condamnés, par leur position, à une stérilité perpétuelle. On n'admire pas moins l'ingénieux moyen imaginé d'abord par un simple paysan, exécuté par lui sur un petit canal, puis indiqué à M. des Herbeys, qui l'adopta avec le plus grand succès sur un trajet d'environ cent mètres, entièrement recouvert, à une profondeur et à une élévation considérables, de blocs et de rocailles détachés d'une montagne.

Un pareil sol, dont la mobilité interdisoit la possibilité d'y faire aucune construction de maçonnerie, présentoit des obstacles presque insurmontables : il s'agissoit cependant de les vaincre, et d'empêcher les eaux de s'infiltrer comme elles devoient le faire naturellement dans un si grand espace, peu propre à les retenir à sa surface. Le moyen qui fut employé consiste dans une opération bien simple, c'est-à-dire, à disposer les rocailles de manière à former le creux du canal, puis à y apporter un peu de terre pour en fermer les premiers interstices, enfin à placer dessus une couche de feuilles de hêtre desséchées, feuilles qu'on dit être incorruptibles, et qui se corrompent au moins très-difficilement sous l'eau : ces dispositions terminées, on introduisit lentement les premières eaux pour y déposer du limon ; après quoi on remit une autre couche de feuilles, puis encore du limon. Par cet expédient, aussi facile qu'il est peu coûteux, et qui ne viendroit peut-être pas dans l'idée d'ue homme de l'art, l'eau fut parfaitement contenue, et nulle partie du canal n'exigea moins de réparations que celle-là.

On verra sans doute ici avec beaucoup d'intérêt quelle étoit l'étendue de l'entreprise de M. des Herbeys, et quels furent les succès prodigieux qui la couronnèrent, d'après la relation de M. Farnaud.

En 1772, le plateau d'Aubessagne, situé à l'extrémité occidentale de la vallée du Valgodemar, offroit l'aspect d'une aridité repoussante : nul arbre n'ombrageoit le terrain; à peine quelques légères sources permettoient à l'habitant de se désaltérer. M. des Herbeys paroît : sans moyens pécuniaires, mais avec du crédit et de la réputation, il conçoit le projet de dériver les eaux de la Severaisse ; ses voisins y applaudissent, mais ils y renoncent au moment de l'exécution. Livré à une sorte d'isolement capable d'effrayer une ame vulgaire, l'auteur du projet fait face à tout ; et deux ans après, les eaux, parvenues d'abord dans ses propriétés, débouchent par six martelières dans les communes de Saint-Jacques et d'Aubessagne.

Ce canal a vingt-huit mille mètres de longueur;

*il* traverse des lieux effrayans par leur aspérité; sa largeur est de cinq mètres sur deux de profondeur. Sa berge inférieure est soutenue par des terrassemens considérables, couverts d'arbres, et par de gros murs, sur une longueur de plus de six cents mètres. Des voûtes pratiquées en forme de ponts-aqueducs, aux confluens des torrens qui se précipitent du haut des montagnes, leur donnent une issue au-dessous du canal.

Les dépenses des premières années s'élevèrent à soixante-quinze mille francs; mais les travaux ne purent être complétés. Chaque année, on ajouta à leur perfection.

Le canal des Herbeys arrose dix-huit cents setérées de terre [ près de trois cents hectares ]. Ses effets ont été incalculables : chaque année, les moissons et les fourrages surpassent les espérances du laboureur; il n'est pas un mètre de terre en repos.

Avant le canal, chaque setérée [ 16 ares 76 mètres] se vendoit environ quarante francs; l'année qui suivit celle de l'irrigation, elle fut portée à trois cents francs; aujourd'hui le prix courant et moyen est de huit cents francs.

Cette différence est si extraordinaire, que nous éprouvons le besoin de rappeler ici que ces renseignemens nous sont fournis par le secrétaire général de la préfecture du département, qui les avoit sans doute bien vérifiés.

Les dix-huit cents setérées, avant le canal, avoient donc une valeur capitale de......... 72,000ᶠ

Cette valeur est actuellement de... 1,440,000.

DIFFÉRENCE, un million trois cent soixante-huit mille francs,
ci..................... 1,368,000.

Quant aux bénéfices annuels, comment les calculer, puisqu'ils se composent, non-seulement de productions territoriales, mais encore de profits journaliers d'industrie, ce qui les multiplie considérablement! Nous nous contenterons de faire observer qu'avant le canal, les 72,000 francs, valeur capitale, employés en aquisitions de terres, dans la commune d'Aubessagne, auroient à peine rapporté 2 ½ pour cent de revenu, ce qui auroit donné,
ci.................................. 1,800.

tandis que les 1,440,000 fr., seulement sur le pied de cinq pour cent, donnent 72,000.

DIFFÉRENCE en revenus........ 70,200.

L'agriculture offre donc aussi des mines bien riches à exploiter! Une mise de fonds quelconque, employée à l'entreprise la plus avantageuse, eût

rapporté, sans doute, moins de bénéfices proportion-
nellement que l'entreprise de M. des Herbeys.

Les communes voisines ne purent rester indiffé-
rentes à de si beaux résultats. Celles des Costes et
d'Aubessagne viennent enfin, à l'aide de l'administration et sous ses auspices, de se procurer un canal
qui ne le cède en rien à celui de M. des Herbeys.

Ces exemples, et plusieurs autres que nous pourrions citer, prouvent que tous les bénéfices que
les Hautes-Alpes retireront un jour de l'ouverture
des canaux d'irrigation, ne sont pas encore obtenus.
Combien de territoires desséchés et improductifs,
qui n'attendent que des eaux fécondantes pour figurer
au rang des plus fertiles !

Il n'en est pas moins vrai que ces grandes améliorations, qu'on admireroit sans doute beaucoup
chez nos voisins, ne sauroient être trop mises sous
les yeux de nos propriétaires ruraux, et qu'elles
peuvent leur devenir plus utiles que cette foule de
procédés agricoles étrangers, souvent peu applicables
à notre sol, à notre climat, à nos usages, et qu'on leur
recommande quelquefois avant tout. Elles prouvent
encore que, sous ce rapport, comme sous tant d'autres,
nous ne sommes pas, non plus, autant en arrière
que quelques personnes voudroient le persuader.

Nous voyons aussi, dans le département des Basses-
Alpes, MM. Devaulx frères, dont la société royale

et centrale d'agriculture a récompensé les utiles travaux, niveler, avec le plus grand succès, la surface d'un terrain ingrat et peu productif, après l'avoir *effondré*; encaisser plusieurs ruisseaux, après en avoir habilement changé le cours; et se procurer ainsi des produits abondans et précieux, là où, avant ces importantes améliorations, on n'obtenoit que des produits rares et peu avantageux.

La Gascogne présente, dans ses landes, et le long des rives du Gers, du Lot, de l'Adour et de la Garonne, un assez grand nombre de localités qui attendent encore le bienfait des irrigations, ainsi qu'on le remarque sur plusieurs points des montagnes des Cevennes et du Gévaudan qui y confinent. On trouve cependant, sur les premières, d'excellens procédés que M. le comte Chaptal a consignés dans son *Mémoire sur la manière dont on fertilise les Cevennes.*

J'ai connu, nous dit-il, à Saint-Jean-de-Gardonenque, un homme industrieux, agriculteur et médecin éclairé, M. Pestre, qui, muni d'un énorme chapeau de fer blanc, qu'il fixoit à son corps par le moyen de courroies, vêtu d'un long habit de toile cirée, se portoit au milieu de sa possession, à la première menace d'orage; et là, seul, une pioche à la main, conduisoit l'eau au pied de ses arbres, dirigeoit et ramassoit l'excédant dans des

bassins pratiqués dans le roc : par ces moyens pénibles, il prévenoit constamment les inondations,
et se procuroit de l'eau pour l'arrosage, lorsque
les chaleurs brûlantes le rendoient nécessaire. Ses
voisins, qui, selon l'usage, avoient commencé par
rire de ses sollicitudes, finirent par admirer son
industrie et envier ses récoltes. Je les ai vus tous
convenir que, par ce travail, dont peu d'entre eux
étoient capables, il quadruploit le produit accou-
tumé de son domaine.

On ne peut, ajoute avec raison M. le comte
Chaptal après avoir rapporté plusieurs autres
exemples de ces prodiges d'agriculture dans les
Cevennes, se défendre d'un sentiment d'admiration,
mêlé d'un retour d'amour-propre, lorsqu'on considère une de ces montagnes, arrachée par la main
de l'homme à une stérilité absolue, couverte, de la
base au sommet, d'arbres, de fruits, de grains et
d'autres productions utiles. S'il existoit encore quel-
qu'un qui pût révoquer en doute ce que produisent
le travail et l'industrie sur l'agriculture, il suffiroit
de le conduire dans les Cevennes.

Grâces à ces deux moyens, les hautes et basses
Pyrénées jouissent depuis long-temps du secours
des irrigations, sur une grande étendue de leur surface, et d'une manière aussi profitable qu'elle est
exemplaire : il paroît même qu'elles y ont été établies

par les Goths, à une époque fort reculée, puisqu'on y trouve encore un ancien canal de plusieurs myria-mètres d'étendue, qui porte le nom de leur chef fameux Alaric.

Dans la riche vallée de Campan, les terres ont considérablement augmenté de valeur, par le seul bienfait des eaux qu'on a su y introduire presque par-tout ; on y arrose, non – seulement les prairies, mais le maïs et d'autres cultures très-productives.

A Bagnères-de-Luchon, comme à Bagnères-de-Bigorre, même résultat et même cause, qu'on remarque pareillement dans les environs de Cauterets et dans la plupart des montagnes qui tiennent à cette chaîne, aussi intéressante qu'elle est prolongée.

Le Béarn et le comté de Foix ne sont pas moins remarquables, à cet égard, dans les Basses-Pyrénées et près des rives de l'Ariége.

Dans les Pyrénées - Orientales, le Roussillon offre encore un très-grand nombre d'exemples des prodigieux avantages qu'on retire par-tout des irrigations bien conduites. Nous avons remarqué qu'ici non-seulement la jachère étoit supprimée par-tout sur les terres arables, au moyen de l'eau, mais qu'on sait aussi obtenir du sol bien traité plusieurs récoltes avantageuses, dans une même année. Le trèfle incarnat, dont la culture en grand a pris

N

naissance parmi nous dans cette province, n'y prospère qu'à la faveur des irrigations ; et dans les
environs de Villefranche et de Perpignan, où l'on
en voit de fort étendues, et un fort bel aqueduc,
les fonds ruraux ont augmenté considérablement de
valeur, par l'introduction de cette seule amélioration.

La vaste plaine qui couvre ce pays, objet de
l'admiration de plusieurs voyageurs et des utiles
recherches de M. le comte François ( de Neuf-
château ), est coupée dans presque toute son étendue
par des canaux ; plusieurs sont souterrains et d'une
grande solidité : l'eau est adroitement dirigée, à sa
source dans la montagne, sur des sables qu'elle
rend très-fertiles, et au pied des oliviers dont elle
assure la fécondité. Enfin, on peut dire qu'ici chaque
goutte d'eau qui se rend à la mer, a payé, dans
son trajet, plus d'un tribut au cultivateur.

On y voit des prodiges d'art, comme dans les
Hautes-Alpes. On y admire tour-à-tour diverses
sortes de barrages, fixes ou mobiles, des digues, des
vannes et des écluses hardies, de nombreux ponts-
aqueducs, des murs solides de soutenement, des
dérivations ingénieuses, des distributions sages,
régulières et méthodiques, d'après la fixation des
jours, des heures et des volumes d'eau, que d'anciens
réglemens ont établie par-tout, conformément aux

moyens et aux besoins. On remarque aussi que les rétributions ainsi que les amendes pour toutes les infractions et dégradations des berges et des pleins-bords, sont sous la surveillance d'un garde général et de plusieurs préposés subalternes. Une louable économie règne dans les frais d'établissement et d'entretien, et des valeurs sont souvent décuplées par une foible mise de fonds faite à propos. Là des torrens dont on a modéré le cours fertilisent les terres en les traversant, au lieu de les ravager comme autrefois.

Un grand nombre de ces utiles établissemens ont été introduits dans le Roussillon par les Maures et les Goths, qui ont succédé aux Romains dans la possession de cette province, ainsi que par divers souverains espagnols auxquels elle a long-temps appartenu (1).

On y remarque quelquefois la vigne et l'olivier

(1) On doit au Maure Abu Zacharia, plus connu sous le nom d'*Ebn al-Awam*, un Traité complet d'agriculture, dans lequel on trouve des notions curieuses sur l'arrosage des terres et sur la construction des réservoirs pour les temps de sécheresse. Il paroit aussi que les Romains avoient trouvé établies chez les Étrusques les premières lois sur l'irrigation des terres, et que *la noria* ou puits à godets, qu'on a regardée comme étant d'invention italienne, et qu'on trouve chez presque tous les peuples de l'Asie et sur la côte d'Afrique, comme en Espagne et dans le midi de la France, étoit connue du temps de Strabon, qui en parle, *liv. XVII.*

remplaçant le saule et l'aulne, au moyen des attérissemens; et souvent aussi, comme l'observe avec
raison M. le comte François ( de Neufchâteau ),
le cultivateur y pratique les règles de l'hydraulique,
sans en avoir jamais appris les élémens. Nous ajouterons que M. Jaubert de Passa, ancien administrateur du département des Pyrénées-Orientales, va
publier un *Précis historique* des plus instructifs, et
dont nous avons lu le manuscrit avec beaucoup d'intérêt, *sur les cours d'eau de ce département*, parmi lesquels on distingue le célèbre ruisseau de *las Canals*,
qui fertilise une grande étendue de terres ingrates.

Le comtat Vénaissin et la principauté d'Orange,
grâces aux eaux de la Sorgue qu'on a su dériver
adroitement, à la source même de la célèbre fontaine de Vaucluse, grâces aussi à celles de la Durance
et du beau canal de Crillon, qui en couvrent une
grande partie, offrent souvent la fertilité et l'abondance, au lieu de la stérilité et de la disette qu'on
auroit à redouter sans elles dans ce climat : mais ici
comme dans la Provence, la Durance dévaste souvent
les terrains qu'elle traverse; elle les ravage par ses dé-
bordemens, ses changemens de lit, et par son cours
impétueux et irrégulier, qu'il seroit bien utile de
re enir enfin dans de justes limites, ainsi que celui
d'un grand nombre d'autres rivières; car, d'après un
ancien historien, elles ont ravi à l'agriculture trois

cents lieues carrées d'étendue, dans cette seule partie de la France. Que de conquêtes à faire encore en ce genre et dans d'autres non moins utiles ! Que de victoires à remporter sur la nature ! Nous ne pouvons nous dispenser de dire ici que si la centième partie des milliars dissipés de temps immémorial, dans le monde entier, pour essayer de mettre à la raison ses semblables *en en tuant un grand nombre*, avoit été employée sagement à l'amélioration du sol, il n'existeroit plus sans doute aujourd'hui, nulle part, aucune terre inculte, malsaine, improductive; et les horreurs de la famine n'auroient pas désolé si souvent l'espèce humaine.

Les environs de la petite ville de l'Isle, qui tire son nom de l'abondance et de la disposition des eaux qui l'entourent, sont d'une étonnante fertilité, comme aussi ceux d'Avignon, dont les prairies naturelles et artificielles, qui y sont très-multipliées, ainsi que plusieurs autres cultures lucratives, donnent un produit considérable. On y emploie quelquefois avec beaucoup d'avantage, comme amendement, l'eau trouble, à laquelle on fait succéder l'eau claire pour entraîner les particules terreuses qui couvrent l'herbe. Ces prairies et les terres cultivables arrosées y sont par-tout d'un prix fort élevé, proportionné à leur grand produit.

C'est principalement sous le climat brûlant du

Languedoc et de la Provence que les bienfaits des eaux d'irrigation se font sentir de la manière la plus prononcée ; et c'est là aussi que leur distribution est régularisée de la manière la plus judicieuse et la plus profitable à l'agriculture.

Nous avons observé avec le plus grand intérêt, dans les environs de Narbonne, un genre parti-culier d'arrosage ou plutôt de submersion totale du terrain, que nous avions souvent admiré en Italie, où il est usité dans une portion des marais Pontins, et plus encore dans l'Agro-Romano, dans la vallée de la Chiana, et dans celle de Nievole. Il consiste à introduire momentanément l'eau boueuse des torrens, ruisseaux ou rivières, qui descend des montagnes très-chargée, après de fortes pluies d'orage, sur des terrains bas et aquatiques, qu'on parvient à dessécher ainsi, en les exhaussant par les attérissemens qui s'y forment et qui améliorent sensiblement la qualité de l'herbe. Cet excellent amendement, désigné en France, où il est beaucoup trop rarement mis en usage, sous le nom d'*ac-coulis*, que nous retrouverons en Angleterre em-ployé efficacement sous celui de *warping*, comme nous l'avons trouvé de la première utilité en Ita-lie sous celui de *colmate*, et qui paroît également usité dans les duchés de Lunebourg et de Brême, change totalement la qualité du sol, et lui donne, pour ainsi dire instantanément, la plus grande valeur.

Il s'en faut beaucoup cependant que cet excellent moyen soit employé généralement dans le département de l'Aude; car l'un de ses cultivateurs les plus instruits, M. Enjalric, nous assure que les irrigations sont à peine connues dans l'arrondissement de Narbonne, quoique leur succès soit étonnant dans ce pays, et il ajoute : Les eaux, limonneuses neuf mois de l'année, de la rivière d'Aude, qui seroit pour nous le Nil, pourroient être promenées dans nos plaines à volonté; mais les canaux de dérivation et les ouvrages d'art qu'ils nécessiteroient, demandent toute l'attention du Gouvernement, dont l'utile intervention a été sollicitée par l'administration locale.

Nous n'avons pas vu avec moins d'intérêt employer encore, dans le département de l'Aude, l'eau douce et limpide, comme un excellent moyen de rendre propres à la culture des céréales les terres fortement imprégnées de sel marin. Après les avoir entourées de digues, on y introduit l'eau, qui dissout le sel et s'en sature; on la fait écouler ensuite pour renouveler l'opération jusqu'à ce que l'effet soit complet; et nous avons été informés par M. Vitta Lattis, riche propriétaire dans les environs de Venise, qu'il avoit employé, avec le plus grand succès, le même moyen sur ses terres situées près des Lagunes.

Le célèbre canal du Languedoc ne jouit pas seulement du précieux avantage de réunir l'Océan à la Méditerranée ; il joint encore à ce bienfait celui de contribuer sur plusieurs points à accroître nos richesses territoriales, par l'emploi de ses eaux pour les irrigations ; et il a été, l'année dernière, d'une bien grande utilité sous ce rapport, aux propriétés qu'il traverse si avantageusement pour elles. Il est permis d'espérer que les eaux surabondantes du canal de l'Ourcq pourront rendre le même service aux environs de la capitale, dès qu'il sera terminé.

Presque par-tout, dans cette belle partie de la France méridionale, les *norias* sont usitées pour élever l'eau, puisée souvent à des profondeurs considérables, afin de la distribuer ensuite dans les jardins, les champs et les prairies, avec tout l'art imaginable. Dans les environs des villes de Ganges et de Lodève, les digues, les canaux, les roues et les aqueducs traversant même quelquefois les rivières, comme aussi les puits, les fossés, les rigoles, les déversoirs et les écluses, sont multipliés par-tout avec une prodigalité et une adresse qui proclament hautement les services signalés que l'eau rend ici à la terre, en tempérant la chaleur qui deviendroit nuisible sans son secours. Par-tout enfin, sur ce point, les irrigations nous ont paru introduites où elles étoient admissibles, avec les ressources de l'industrie la plus active et la plus ingénieuse.

Le magnifique canal de Boisgelin, dans les environs

d'Aix, d'Orgon et de Salon, deviendra également un grand moyen de prospérité pour ces contrées, lorsqu'il aura reçu tous les degrés de perfectionnement dont il est encore susceptible ; et déjà il répand ses bienfaits sur une étendue considérable de terre qui en avoit le plus grand besoin.

La vaste plaine caillouteuse de la Crau, si utile en hiver à de nombreux troupeaux transhumans, mais dont le sol aride laisse à peine apercevoir une végétation foible et languissante en été, par-tout où elle est encore privée d'irrigations, est couverte au contraire de mûriers, d'oliviers, d'excellens vignobles, de belles moissons et de fertiles prairies, dans les endroits où le canal de Crapone a pu étendre ses nombreuses ramifications. Ces riches produits sortent comme par enchantement du milieu des énormes tas de pierres qui les entourent, et qui présentent un contraste frappant par leur stérilité avec ces beaux résultats de l'industrie agricole.

M. Paris, ancien sous-préfet de l'arrondissement de Tarascon, nous a informés que la fécondité étendoit tous les jours son empire sur cet immense plateau de poudingue, recouvert d'une légère couche de terre sans consistance ; et la bonification étoit telle alors, que, tandis que l'hectare de tearrin non arrosé ne se vendoit que vingt-cinq francs, celui de terrain arrosable coûtoit cinq cents francs.

Au moment où cet habile administrateur nous donnoit ces détails, il observoit que, depuis cinquante ans, les terrains fertilisés , c'est-à-dire, arrosés par le canal de Crapone, dans le seul territoire d'Arles , étoient de la contenance de mille hectares; qu'en 1789, elle s'élevoit à quinze cents hectares ; et qu'au moment où il écrivoit, elle étoit portée à deux mille cent. Nous nous sommes assurés qu'elle étoit encore augmentée depuis, et que d'autres canaux contribuoient aussi à fertiliser la plaine extraordinaire de la Crau.

Mais la commune de cet arrondissement dont l'industrie agricole , la fertilité et la richesse proclament le plus hautement les bienfaits de l'irrigation, c'est celle de Château-Renard.

Elle doit tous ces avantages à deux canaux, dont l'un , qui date du commencement du dix-septième siècle , prend sa source dans les marais de Saint-Remi; l'autre, qui fut creusé en 1786 , provient de la Durance , et suffit pour arroser dix-huit cents hectares.

C'est de l'ouverture de ce canal, observe avec raison M. Paris , que datent toutes les améliorations et augmentations par lesquelles l'agriculture se distingue dans cette commune. Depuis lors, le genre de culture a totalement changé ; et ce terroir, composé d'une couche de sable sur un lit de galets, jadis aride et stérile , est devenu fertile par l'arrosage, le travail et les engrais.

M. Paris nous informe également qu'un habile fermier de la ville d'Arles a fait adopter un véritable perfectionnement dans la construction des vannes des canaux qui prennent leurs eaux au Rhône. On les fait aujourd'hui en fer coulé et forgé : elles ferment plus exactement et sont plus solides, ne s'enflant et ne se tourmentant pas comme les vannes en bois, qui coûtoient plus cher.

On est aussi parvenu, dans la Camargue, à tirer un parti fort avantageux des eaux qu'on y dérive du Rhône pour les irrigations ; mais il reste encore d'importantes améliorations, en ce genre, à entreprendre sur cette curieuse portion du territoire français, formée par les *crémens* ou attérissemens du Rhône. Elle est couverte, en partie, d'eaux stagnantes et saumâtres, et elle manque souvent de l'eau douce nécessaire aux besoins de ses habitans et de ses nombreux troupeaux, et propre à alimenter les canaux qui accroîtroient prodigieusement ses produits agricoles. Nous dirons à cet égard que M. Virgile de la Bastide a soumis, il y a long-temps, à l'académie des sciences, un excellent travail qu'elle a approuvé et fait imprimer, dans lequel il propose d'élever le niveau du canal du Rhône, à partir de Beaucaire, pour multiplier les irrigations à volonté sur la grande et la petite Camargue.

On pourroit y former aussi des attérissemens

propres à dessécher plusieurs de ses étangs; et ils y seroient d'autant plus faciles à exécuter, que le Rhône dépose souvent, comme nous avons été à portée de l'observer sur plusieurs points de cette île, un sédiment fertile, excellent pour corriger la salure de son terrain.

On pourroit également reculer beaucoup ici et ailleurs les limites naturelles de la France, *sans verser de sang*, en repoussant la mer loin des côtes, par ces mêmes attérissemens et par d'habiles travaux d'art, comme on l'a fait, avec un succès si encourageant, sur d'autres points, en profitant des *laisses* et en fixant les *dunes*. Que de grandes victoires à remporter encore ici sur la nature! que de riches conquêtes à obtenir, sans sortir de notre territoire, et sans avoir besoin de ravager celui de nos voisins!

Dans les environs de Toulon, d'Hyères, d'Antibes et de Fréjus, où la terre devient si précieuse à cause de la douceur du climat, on admire encore les efforts de l'industrie agricole pour surmonter l'effet désastreux des chaleurs excessives; et là, comme dans les environs de Naples sur les cendres du Vésuve, nous avons vu des puits à bascule fournir facilement et promptement une grande partie de l'eau qui sert à fertiliser les alentours.

C'est dans ces deux provinces, plus que sur aucun autre point de la France, que l'eau rend favorables

les ardeurs mêmes de la canicule ; c'est là sur-tout qu'on peut se convaincre que les engrais les plus actifs et les amendemens les mieux appropriés à la nature du sol, deviennent nuls, lorsqu'ils ne sont pas nuisibles, sans le secours puissant de l'eau; c'est là qu'on peut admirer ces prodiges de végétation qui fournissent jusqu'à cinq et six récoltes dans une seule année ; et c'est là qu'avec de bonnes irrigations on peut se procurer la plupart des plus riches productions végétales de l'univers , tandis que, sans elles, la terre y reste souvent vouée à une affligeante stérilité.

Ainsi, quoique cette branche importante d'économie rurale soit souvent ici , comme elle l'est quelquefois dans d'autres parties de la France, bien entendue et bien appliquée, il reste encore beaucoup à faire dans ce genre, non-seulement pour arroser, mais aussi pour dessécher, exhausser, amender, marner, consolider et protéger contre les intempéries des saisons, un grand nombre de terrains peu fertiles qui réclament fortement les bienfaits de ces travaux régénérateurs.

Ajoutons à ces données générales quelques nouveaux détails qui pourront faire sentir de plus en plus toute l'importance de l'objet qui nous occupe.

Les avantages immenses qui résultent des irrigations, ont été appréciés par les anciens, autant et peut-être plus que par les modernes. On en trouve des preuves frappantes dans la plus haute antiquité.

Les rochers arides de la Palestine, sur lesquels florissoit jadis la nombreuse population des douze tribus juives, et qui se trouvent aujourd'hui presque entièrement abandonnés à quelques hordes misérables d'Arabes déprédateurs, étoient en grande partie redevables aux nombreux canaux d'irrigation qu'on étoit parvenu à y faire circuler, de la fertilité et des riches productions qui distinguoient alors cette portion de l'Asie, devenue pauvre, dépeuplée et inculte, depuis la disparition de ces sources de prospérité.

L'Égypte a dû aussi la majeure partie de son ancienne splendeur, dont elle conserve d'imposans monumens, aux canaux plus nombreux et plus étendus encore qui, de temps immémorial, y ont distribué au loin le fertile limon apporté du fond de la Nubie et de l'Abyssinie, par les grandes inondations périodiques du Nil.

L'Inde et la Grèce ont également recueilli, à une époque fort reculée, d'immenses avantages de ces puissans moyens d'amélioration rurale.

Tous les ouvrages des anciens auteurs géoponiques grecs et latins renferment sur cet objet des détails qui attestent le prix qu'ils y attachoient. Nous nous bornerons à dire à cet égard que Virgile, à l'imitation d'Hésiode, en fait une mention distinguée dans le premier livre de ses Géorgiques, et que Pline le Naturaliste, après avoir indiqué divers préceptes pour en assurer le succès, cite en exemple les environs de Terni, dans les États romains, où de son temps les prairies naturelles fournissoient quatre coupes de foin, au moyen des irrigations, et où nous avons encore eu la satisfaction de voir, il y a quelques années, les mêmes causes donner les mêmes résultats.

A peu de distance de la célèbre cascade artificielle à l'aide de laquelle Curius Dentatus parvint à assainir la majeure partie de la vallée de Rieti, en procurant, par une excavation hardie dans le roc, une large issue aux eaux du Velino qui se précipitent à grands flots dans le lit de la Nera, nous avons observé avec plaisir deux anciennes prises d'eau considérables sur cette rivière, lesquelles, ménagées avec art et distribuées sur la plupart des terres qui environnent la ville de Terni, y ont quadruplé depuis long-temps les produits agricoles (1).

_____

(1) On nous permettra de rappeler ici que Curius Dentatus est le célèbre consul romain que les ambassadeurs des Samnites, qui cherchoient à le corrompre avec leur or, trouvèrent se nourrissant

L'ancien département du Trasimène, souvent ravagé par des torrens qui descendent du sommet des Apennins, et qui couvrent, en peu de temps, une grande étendue des vallées qu'ils traversent, des débris des rochers qu'ils entraînent dans leur cours impétueux, nous a encore offert plusieurs exemples très-satisfaisans d'irrigations, parmi lesquelles nous avons distingué celles que l'ancien fleuve *Clitumnus* alimente sur le territoire de Fuligno.

Non loin des rives du Tibre, les eaux du fleuve *Arrone*, qui sert d'émissaire au lac de Braciano, ont été aussi autrefois dérivées en partie de leur cours, pour fournir à des arrosages qui sont encore pratiqués aujourd'hui avec les plus grands avantages.

Enfin, nous avons découvert sur la vaste et belle exploitation rurale de Palidoro, près des Maremmes toscanes, un exemple frappant d'irrigations sagement conçues et adroitement dirigées dans une prairie fort étendue, sur un sol peu fertile, dont elles ont considérablement augmenté la valeur.

Mais ce qui nous a le plus frappés, sous ce rapport,

---

de végétaux qu'il venoit de préparer lui-même, et qui leur dit : *Vous voyez combien votre or m'est inutile !* — C'est le même qui, dans une autre occasion, s'écria : *A dieu ne plaise qu'un Romain trouve jamais trop petit un champ qui suffit pour le nourrir !*

*Voyez* Plutarq. *Apopht.* pag. 62 ; Cicero, *de Senectute,* lib. 1, § 16 ; *Athen.* lib. x, §. 5.

dans les nombreuses excursions que nous avons
été chargés de faire dans l'Agro-Romano, avec
MM. Proni, Rigaud de l'Iie, Fossombroni et Des-
fougères, c'est l'excellent parti que nous avons vu
tirer, sur le territoire de Ferrentino, près des marais
Pontins, dès eaux sulfureuses connues sous le nom
d'*acqua puzza* ou *toffana*, qui traversent ce territoire.
On les dérive sur les terres cultivables, et on les y
laisse déposer un sédiment d'un blanc jaunâtre qui
favorise singulièrement la végétation. Cet effet,
qu'on pourroit facilement obtenir ailleurs, sur un
grand nombre de points, et qui indique assez l'utilité de l'essai à faire de nos eaux sulfureuses pour le
même objet, nous rappelle l'effet prodigieux du
plâtre ou sulfate de chaux sur la végétation, ainsi que
l'heureux résultat des expériences faites récemment
avec le soufre pur, et dont nous avons encore trouvé
la confirmation dans la vigueur des châtaigniers que
nous avons admirés à *la Solfatara*, dans les environs
de Naples, sur le sol fortement soufré de cet ancien
cratère. Il nous a aussi rappelé le célèbre châtaignier
de l'Etna, dont les nombreux et vigoureux rameaux
s'étendent jusqu'à plus de cinquante mètres en circonférence, sur un sol de nature semblable.

Dans un grand nombre d'autres parties de l'Italie,
qu'on regarde avec raison comme le berceau de la
science hydraulique, et où il paroîtroit que Fran-

çois I.ᵉʳ, qui a introduit beaucoup d'irrigations parmi nous à son retour de ce pays, avoit employé ses troupes à creuser des canaux pour cet objet, ~~ grands moyens sont devenus la base la plus solide de la richesse rurale.

Le Lodesan et le Milanais sont sillonnés de ces canaux, soigneusement bordés de plantations, et qui ont placé depuis long-temps ces riches contrées au nombre des pays les plus fertiles de l'Europe. On y couvre souvent d'eau les prairies, pendant l'hiver, pour les amender par le limon qu'elle y dépose, et pour les garantir des fâcheuses impressions du froid. On parvient ainsi à en obtenir jusqu'à cinq et six coupes d'herbe dans une seule année.

Le savant professeur d'économie rurale, Philippo Re, nous a fait voir dans les beaux enclos qui servoient à ses démonstrations à Bologne, un plan d'arrosage par infiltration, fort bien entendu et très-profitable ; et la Toscane a conquis une immense étendue de terres d'alluvion, de la première qualité et du plus grand produit, au moyen de ses ingénieuses comblées [colmate], dont nous avons déjà eu occasion de parler, et que de nouvelles irrigations fertilisent chaque année.

Une grande partie du Piémont se distingue aussi sous ce rapport, et le riz s'y cultive souvent avec beaucoup d'avantage, par le même moyen, sur-tout dans le Vercellois et le Novarrois.

Nous avons vu, à la célèbre *mandria* de Chivasso, un système général de distribution fort étendu, établi avec adresse et conduit avec art ; et l'on y remarque, comme sur d'autres points de l'Italie et de la France, que l'eau limpide finit quelquefois par épuiser les terres légères peu fertiles, en entraînant la partie soluble, et qu'il est nécessaire de les fumer de temps en temps pour tirer tout le parti possible de ce moyen.

On admire encore, près de Turin, le vaste réservoir artificiel, construit solidement en maçonnerie par M. de la Turbie, à Ternavasio, au moyen duquel il arrose près de soixante hectares de prairies, à l'embouchure de plusieurs petites vallées ; il y a établi une large digue qui arrête les eaux pluviales, et porte la vie et la fertilité, par des rigoles multipliées, sur une terre compacte et ferrugineuse qui, avant cette importante amélioration, étoit d'un bien foible produit.

La Suisse offre également, comme le Tyrol, sur ses montagnes, sur ses riches prairies et ses excellens pâturages, des procédés bien dignes d'éloge et d'imitation, dans un genre d'industrie agricole qui a été célébré et décrit dignement par son savant pasteur d'Orbe Bertrand, ainsi que par l'agronome

o *

Stapfer, dans deux ouvrages couronnés, qui ornent la collection des Mémoires de la société économique de Berne. Cette illustre société a signalé les premiers momens de son existence, en ouvrant un concours sur l'importante question qui nous occupe, et il a eu les plus heureux résultats.

Nous avons trouvé chez M. Fellemberg, à Hofwill, un grand modèle d'irrigations perfectionnées, à canaux couverts et découverts, au moyen duquel il nous a assuré avoir augmenté de beaucoup la valeur de sa belle propriété rurale ; et nous avons vu dans les cantons de Bâle et de Zurich, de Soleure et de Berne, former instantanément les plus riches prairies à base de graminées, sur des terrains entièrement nus, par le seul secours des engrais et de l'eau, sans qu'il fût nécessaire d'y faire aucun ensemencement artificiel.

Nous dirons aussi que le savant Haller, devenu cultivateur dans le canton de Berne, sur une terre négligée qu'il parvint à améliorer par son industrie agricole, nous informe, dans un Mémoire fort instructif inséré dans la même collection de la Société économique de Berne, qu'il augmenta considérablement le revenu d'une prairie d'un sol graveleux, en établissant un réservoir solidement construit sur une colline qui la dominoit, en corrigeant avec du fumier l'eau froide et crue, et en la dirigeant, après l'avoir ainsi préparée, au moyen de rigoles, le long desquelles il vit naître en abondance les plantes les plus utiles.

Nous devons ajouter que le célèbre cultivateur suisse Kliogg, surnommé *le Socrate rustique*, eut également recours à l'eau, adroitement dérivée, pour accroître les produits de son exploitation rurale, si digne d'admiration.

L'Angleterre nous présente encore plusieurs belles entreprises en ce genre, quoiqu'elles n'y soient pas à beaucoup près aussi nombreuses qu'elles pourroient et devroient l'être, malgré l'ancienne recommandation du chancelier Bacon, et malgré celles, plus modernes, de William Tatham, d'Arthur Young, de Marshall, de Curwen, du chevalier Sinclair, et de plusieurs autres agronomes anglais.

Une des plus remarquables et des plus utiles est celle qu'on observe particulièrement sur les rives de la Trent, de l'Ouse et du Dun, qui se jettent dans l'Humber, près de son embouchure ; elle est connue sous le nom de *warping*, et elle a la plus grande analogie avec les *colmate* ou *comblées* des Italiens, et avec nos attérissemens par *accoulis*. Elle consiste à introduire sur des terres ingrates, près des bords de la mer, une eau chargée d'un limon très-fertile appelé *warp*, qu'elle y dépose, et qui, en peu de temps, change totalement la nature du sol.

Nous avons aussi admiré, sur la belle propriété du duc de Bedford, à l'abbaye de Woburn, un système d'irrigations bien entendues et fort utiles, au moyen desquelles il a augmenté considérablement les produits de son domaine.

Nous avons vu également un cultivateur instruit, dans le comté d'Hereford, parvenir à changer d'une manière fort avantageuse la nature de l'herbe, dans des prairies marécageuses, par le seul moyen de l'eau courante qu'il y introduisoit; et les annales de l'agriculture anglaise, comme celles de l'agriculture hollandaise et allemande, renferment plusieurs exemples remarquables de ce genre d'amélioration, ainsi que d'autres résultats avantageux de l'emploi judicieux de l'eau sur des propriétés rurales de peu de valeur.

Sans sortir de l'Europe et sans avoir besoin d'aller chercher en Perse, en Chine, dans l'Inde, en Amérique, de nouveaux exemples frappans de l'importance des moyens d'irrigation, que nous y trouverions également, nous dirons encore que le Portugal et l'Espagne en offrent aussi un grand nombre, dont plusieurs ont été indiqués par Cavanille dans ses utiles renseignemens sur sa patrie, et par Arthur Young, dans ses voyages. Isidore de Séville fait aussi mention, dans son excellent ouvrage, de diverses machines destinées à l'élévation des eaux et aux arrosemens.

Nous voyons, en outre, dans un autre ouvrage, fait par un homme fort instruit, *sur les meilleurs moyens de faire fleurir par-tout l'agriculture en Espagne*, que les Maures y ont établi, il y a long-temps, de grandes et importantes irrigations ; que Charles-Quint y a commencé un canal fort étendu et très-utile pour cet objet ; qu'en 1754, Ferdinand VI fit creuser à grands frais, dans toutes les provinces, des réservoirs immenses qui conservent les eaux, les portent dans les terres par des canaux multipliés, et préviennent les suites de ces affreuses sécheresses qui désolent l'Espagne ; que, dans l'espace de quatre-vingts myriamètres qui se trouve de Sarragose jusqu'à l'embouchure de l'Ebre, à peine on aper,   quelque intervalle qui ne présente pas de prise d'eau pour arroser ; que les autres fleuves sont à-peu-près dans le même cas ; et qu'on y emploie, pour niveler le terrain, un instrument bien utile, qui nous paroît être la *ravale*, dont nous avons vu faire un emploi si avantageux dans le département de la Haute-Garonne (1).

Il résulte évidemment, selon nous, du léger

---

(1) Voyez *Curso de agricultura pratica de Quinto*, au chap. IV, *de los Rigos*, et le compte intéressant que M. François ( de Neuf-château ), qu'on est toujours sûr de rencontrer lorsqu'on s'occupe du bien public, a rendu dernièrement de cet ouvrage dans les *Annales de l'agriculture française*.

aperçu, bien incomplet sans doute, que nous venons de tracer rapidement de quelques-uns des services incontestables rendus à l'agriculture par le seul moyen des irrigations bien dirigées,

1.° Qu'une vaste étendue de terres peu fertiles et peu productives dans leur état de nature et avant l'introduction de ce genre d'amélioration, sont réellement parvenues par son secours au plus haut degré de richesse rurale ;

2.° Qu'il reste encore en France, comme sur d'autres parties de l'Europe, un très-grand nombre d'entreprises fort utiles à faire sous ce rapport;

3.° Que par-tout où ces entreprises sont praticables ( et elles le sont sur beaucoup de points, au nord comme au midi ), il est difficile de placer ses capitaux d'une manière plus avantageuse aux propriétaires et à l'état.

Nous terminerons par une réflexion qui découle naturellement de ces vérités. Qu'on prive aujourd'hui la Lombardie, la Toscane, le Piémont, la Provence, le Languedoc, les Alpes et les Pyrénées, des canaux vivifians qui ont réalisé pour ces contrées les traditions fabuleuses des rives du Pactole ; la stérilité et la misère ne tarderont pas à y faire disparoître la fertilité et l'abondance qui y règnent maintenant, comme les arides rochers de la Palestine, jadis si riche et si puissante, en ont fourni un grand exemple au monde. Qu'on ouvre, au contraire, de semblables canaux par-tout où l'industrie humaine pourra les porter avantageusement ; et bientôt on y verra s'accroître, de la manière la plus rapide, une heureuse population ; bientôt les richesses les plus solides, celles qui contribuent le plus à notre bonheur, remplaceront l'horreur et la misère des déserts.

Déjà la Société royale et centrale d'agriculture a cru devoir attirer plusieurs fois l'attention des propriétaires ruraux et des ingénieurs hydrauliciens sur l'objet qui fixe en ce moment nos regards (1).

_____

(1) Parmi les machines hydrauliques les plus propres aux irrigations, outre celles qui sont bien connues, nous devons signaler celles de MM. Manoury d'Hectot et Arnollet, que cette Société a distinguées par des encouragemens. La machine perfectionnée de M. Arnollet, reconnue, en 1817, la plus propre aux irrigations pour des hauteurs peu considérables, est aujourd'hui en pleine activité dans le département de la Haute-Saone, où elle élève les eaux à plus de soixante-cinq mètres au-dessus du lit de la rivière, par le moyen d'un seul piston qui, par un jeu continuel, fournit douze tonnes d'eau par heure. Nous indiquerons également les *Œuvres* de Bernard Pallissy, de Bélidor et de Proni ; un ouvrage de M. Fabre, *sur les Moyens de créer des sources artificielles, et de suppléer aux sources naturelles et aux rivières, pour l'irrigation* ; le *Traité des prairies* de M. Dourches, et l'ouvrage de Caréna *sur les Réservoirs artificiels.* Nous invitons aussi à consulter à ce sujet le beau travail de M. de Perthuis, et ce que nous avons dit nous-mêmes, en traitant des prairies, *page 260, vol. 12.*[e] du nouveau *Cours complet d'agriculture théorique et pratique*, rédigé sur le plan de celui de Rosier, par les membres de la section d'économie rurale de l'Institut.

Cette Société, secondant avec ardeur les intentions du Gouvernement, acquerra bientôt de nouveaux droits à l'estime publique, en continuant de consacrer ses efforts à cet objet fécond de prospérité nationale, bien digne de signaler les loisirs de la paix dont nous avons enfin l'avantage de jouir pour long-temps, et dont nous saurons sans doute profiter en dirigeant désormais nos conquêtes sur notre propre sol, et en les appliquant avant tout à l'agriculture.

Espérons donc que, d'après l'idée du maréchal Vauban, exprimée dans un excellent Mémoire sur la navigation de nos rivières, *nous ferons de la France le meilleur pays du monde, en joignant l'arrosement des terres au desséchement des marais et à la réparation des chemins.* Espérons aussi que notre Gouvernement ne perdra jamais de vue cette importante vérité, sentie, il y a plusieurs siècles, par le grand Henri et par son digne ministre Sully : LES RICHESSES QUE NOUS OBTIENDRONS DU SOL FRANÇAIS, LORSQU'IL SERA BIEN CULTIVÉ PAR - TOUT, VAUDRONT MIEUX POUR NOUS QUE TOUTES CELLES QUE NOUS POURRIONS JAMAIS TIRER DE LA POSSESSION DES TERRES ÉTRANGÈRES.

FIN.

www.ingramcontent.com/pod-product-compliance
Lightning Source LLC
Chambersburg PA
CBHW071935090426
42740CB00011B/1712